JN137960

Modelling the U.S Navy Carriers

模型で見るアメリカ空母のすべて

Winning mechanics of U.S carriers in the Pacific theater of WWII

村田博章著

大日本絵画

Modelling the U.S Navy Carriers

模型で見るアメリカ空母のすべて

Winning mechanics of U.S carriers in the Pacific theater of WWII

Contents

ごあいさつ

村田博章
Hiroaki MURATA

現代の艦船模型と言えば洋上モデル。それを製品として形にしたのが静岡模型協同組合の合同企画ウォーターラインシリーズ（WLS）ででしょう。筆者は幼少期から父親が所蔵する日本海軍写真集を頻繁に眺めながら艦船に興味を持っていきました。艦船模型と言えば船全体を模型化したフルハルモデルが当たり前の時代で、一般的に洋上モデルには批判的でした。そんな中、発売開始から2年程で80種余りに至ったWLSは筆者にとってこの道に進むきっかけとなりました。普段見る船の姿が机に置くだけで再現出来る素晴らしさに感動したことを鮮明に覚えています。それから四半世紀が過ぎ本格的に艦船模型を手がけるようになって様々な資料本を集めるに付け、模型製作に役立つ資料が意外と少ないことに直面しました。特に外国艦は極限られた写真集があるのみで知識を深めるには至りませでした。また、洋書等の資料本を入手することが難しい田舎での苦悩は続きます。そんな中、姉妹書籍の著者である平野鉄雄氏との出会いは少しずつ空いたピースは埋めるきっかけとなりました。他には森恒英氏の著書『軍艦雑記帳』（タミヤ）、『軍艦メカ図鑑』シリーズ（グランプリ出版）など図版を使った解説書が複数発刊され旧日本海軍艦艇に付いて知識は着実に増えていきましたが、外国艦となると特に日本語の書籍は限られるのが現実です。

そんな中創刊した『NAVY YARD』誌とは筆者も創刊前から関わりを持ち、単純に模型誌としてキットや作品をビジュアル的に見せるものではなく、多くの読者が名前は知ってても実態を知らない世界中の艦船を模型で紹介したページの必要性を提案しました。米波保之氏の「ジミ艦」を初めとする連載群がそれに相当する企画として実現しています。

そして太平洋戦争に於いて旧日本海軍と激闘を繰り広げたアメリカ空母をもっと知って貰いたい、との願いを込めた連載企画が本書のベースとなる「US Aircraft Carrier 1 to 8」として『NAVY YARD』誌Vol.13からスタートしました。連載は「ラングレー」から「ホーネット」に絞って紹介し黎明期からアメリカ空母がどのように成長と変化を遂げたかを紹介することがコンセプトとなっています。従って作例製作のコンセプトも外観のみならず各所の形状や造形にスポットを当て、アメリカ空母の見所を再現し紹介してまいりました。一応8隻を大方紹介した所で区切りとしましたが、まだまだアメリカ空母は数が多く奥が深いのでやりきった感は今ひとつでしょうか。

本書の成り立ちは昨年平野鉄雄氏著の『アメリカ航空母艦』が発刊されて高い評価があり、今度はもっと身近な模型を使ったアメリカ空母の解説書をとの企画が持ち上がり、連載「US Aircraft Carrier 1 to 8」を活用する事になったのです。

本書は艦船模型を見て頂く内容ではなく、アメリカ空母の成り立ちや形状の特長を紹介することに特化しており、造船や各種装備品武装などの技術的な事には触れず、「知る事」をモットーに形を見て貰う構成になっています。従って外観が判りやすく配置が一目で分かる作例を揃えました。また、模型の画像は全て同じスケールで掲載していますのでサイズ感が掴みやすい構成になっており、日米の建造に関する思想の違いなど読み取って頂ければ幸いです。また、姉妹書籍『アメリカの航空母艦』（平野鉄雄氏著）とセットで模型製作にご活用頂ければと思います。

本書発刊に先立ち、連載「US Aircraft Carrier 1 to 8」を共に纏めてきた遠藤貴浩氏を初め、連載以外の日米空母作品を提供して頂いた関係各位及び、株式会社アートボックス編集部各位にはこの場を借りて御礼申し上げます。

私たちウォーターライン（WLS）時代の申し子とも言うべき時代に幼少期を過ごした年代として、1/700洋上模型には特別な思い入れがあります。木を削ってフリーランスの軍艦を作っていた時代も洋上モデル、WLSが登場してからはもっぱら洋上モデル、大型のフルハルキットを作っても船底は切って捨てると言った徹底ぶりです。26年前、静岡ホビーショーモデラーズクラブ合同作品展に出展するために発足させた艦船模型クラブ「吃水線の会」を主宰し、以後主に太平洋戦争の海戦を洋上模型で紹介する活動を行なっていました。そこでは3回目から日米対決の場面を展示するようになり、当時アメリカ艦隊編成するにあたり少なく高価な海外レジンキャストキットやスクラッチビルドで揃えたにも拘わらず、「すごいね」という言葉以外余り目を向けて貰えない現実がありました。これには模型専門誌で長くライターをやっている立場としてはもっと外国艦を紹介して知識を深め馴染んで貰う必要があると考えるようになり、『NAVY YARD』誌の連載を始めるきっかけにもなったのです。近年旧日本海軍艦艇は多くのメーカーからバッティングもありますが様々なキットがリリースされ賑わいを見せています。しかしながらこと外国艦については海外メーカーの進出が活発で主力艦は埋まりつつある中でウォーターラインシリーズのような系統だったシリーズには至っていないのが現状です。とは言え、その間国内メーカーでも外国艦のリリースが進み少しは連載の影響があったのかなと自負しているところです。

村田博章

【略歴】
1961年愛知県生まれ。本業コーヒー焙煎士の傍ら艦船模型サークル「吃水線の会」（現Waterliners NAVY700 吃水線の会）を主宰。模型専門誌ライターとしては助っ人として執筆した『スケールアビエーション』誌を皮切りに『モデルグラフィックス』誌の外国艦艇を担当し、『NAVY YARD』誌創刊後は「US Aircraft Carrier 1 to 8」等連載を執筆。時には模型メーカーの製品開発にも助力。

遠藤貴浩
Takahiro ENDOU

この本を手に取って下さっているあなたはアメリカの空母が大好きな方なのでしょうか？

はたまた何となく興味が湧いてきた方なのでしょうか？　本書はそのどちらの方にも分かりやすく、なるべく丁寧に「アメリカ空母の特徴」や「日本空母との違い」等を掲載しています。この本が誕生したきっかけは『NAVY YARD』誌Vol.13から始まった村田氏との共同不定期連載「US Aircraft Carrier 1 to 8（アメリカ航空母艦ラングレーからホーネット）」がベースになっています。

私自身は小学生の頃からWLシリーズの日本軍艦ばかりを作っていました。大人になったある時、本に掲載された戦場写真のアメリカ側から撮影された南太平洋海戦での「ホーネットCV-8」の写真を見てスタイルの美しさや、輪形陣での作戦行動に感動しアメリカの空母が好きになりました。その後村田氏と出会い、氏もまたアメリカの軍艦が好きとの事で当時（2009年）まだあまり実態を良く知られていなかったアメリカ空母の初期～中期建造艦を紙面で紹介したいとの希望に協力させて頂き、不定期ながら連載がスタートしました。連載開始当時では再現が難しかったであろう「ラングレー」や「レンジャー」、「ワスプ」といった空母もインジェクションプラスチックキットこそ有りませんでしたが海外製のレジンキットなら有りましたし、入手もインターネットを駆使すれば海外製のレジンキットを取り扱っているお店を探す事も出来ました。その様な訳である時はレジンキットと格闘しながら、ある時はインジェクションプラスチックキットをより良く表現するために苦心しながら何とか連載を続ける事が出来、「ラングレー」から「ホーネット」までのそれぞれ代表的な年代を再現する事が出来ました。そして連載中に最も気を付けた事は読者の方にその艦が分かりやすく映る事。それは、装備品の細かい部分にフォーカスするのではなくて艦全体のフォルムや特徴を前面に出して製作をする事でした。本書では私のその様な信条というか流儀の様なもので製作した艦艇を掲載して頂ける事になりました。また村田氏を筆頭に多くの方々にご協力を頂いて本書は成り立っています。その全ての内容はきっと読者の皆様に受け入れてもらえる事と思います。本書が空母好きな方にとって少しでもお役に立てたなら幸いです。

遠藤貴浩

【略歴】
1966年鳥取県生まれ。小学校低学年の時に親戚に連れられて映画「ミッドウェー」を見たのが艦船模型を始めるきっかけとなった。その後高校卒業～30代前期まで模型製作から離れる。30代に入り出戻り、2006年「吃水線の会」に入会。今日に至る。最近は急速に老眼が進行しており拡大ルーペ（の購入）危機がヒタヒタと忍び寄っているのを肌で、いや目で感じる。模型以外では自称にわかサッカーファン、ビール好き。

1. アメリカ航空母艦ガイド

101 ラングレー

1910年代のアメリカ海軍は、遠距離砲戦時の弾着観測が困難であると認識していた。この状況を解決するため検討された方法が、航空機を観測に用いるというものであり、当初は巡洋艦「バーミンガム」や戦艦「ペンシルベニア」に滑走台を設置して発艦試験が繰り返されていた。実験の成績は良好で洋上での航空機運用に可能性を見出すことができた。ただ、当時の航空機は艦隊の要求する任務遂行には能力不足で、なおかつ車輪式航空機の洋上での回収が困難なことが問題となった。その後も試験は続けられたが機体の強度が不足しており、艦隊での運用に耐えうるものではないと結論づけられてこの計画はいったん白紙に戻された。

その後航空機の性能が向上してフロート付き水上機が登場すると艦隊での運用が可能となっていった。アメリカ海軍では引き続き観測任務のほか、艦隊攻撃の戦力としての可能性などを探るべく試験を継続した結果、洋上での作戦に使える見通しが立つ。

海軍航空隊が設立された後は、カタパルトの実用化によって巡洋艦への艦載機配備が進んだものの、当時の水上機では外洋での運用には適さず、実戦では艦載機を搭載しないケースが大勢を占めた。

こうして艦載水上機が思うような成績を残せない状況下でアメリカ海軍は、水上機より性能に優れた陸上機に洋上航空戦力の道筋を見つけた。当時イギリス海軍では艦隊における航空機の有用性を認識しており、車輪式航空機を運用する航空母艦なる艦種の設計を始めていた。それに感化されたアメリカ海軍は航空母艦の検討に入った。そしてイギリス海軍による艦隊航空戦力の考え方を取り入れたアメリカ海軍でも、航空母艦の整備を進めることとなる。ただ、様々な任務遂行に必要な機数を搭載するなど要求をのむと艦の大型化は避けらなかったが、一方で艦隊の偵察能力強化は急務であり、まずは実験の意味も含め既存艦を改造して充当することとなった。これがアメリカ最初の空母である「ラングレー」である。

ベースとなった給炭艦「ジュピター」を空母へ改造するにあたり、船体は旧石炭庫を飛行機格納庫とし、艦橋は給炭艦時代のものを飛行甲板下に残してそのまま使うこととなった。

格納庫に使われた旧石炭庫は細かく仕切られており当初艦上機は分解格納されていたが、運用に支障となるため常用機は組み立てた状態で格納されるようになる。艦内の移動は飛行甲板下の移動式クレーンにより貨物用リフトのある4番格納庫へ移動した上で飛行甲板へ上げられた。

飛行甲板は当時の航空機には充分な広さはあったが駐機スペースを考えると不充分といえた。

エレベーターは給炭艦時代の貨物用リフトが流用され、飛行甲板まで延長して使われた。機関は当時の新技術のターボエレクトリックが採用された。今の言葉で言えばシリーズハイブリッドとなろう。カタパルトについては改造当初から装備されていたが、射出能力も低く基本的に艦載水上機の射出に限られ早々に姿を消している。

着艦制動索はイギリス式の縦索式が装備されていたが着艦事故も多く、横索式に改められた。

煙突は改造当初左舷後部に直立煙突を立てていたが、飛行甲板上の気流への影響が大きいため、2本の横向き可倒式に改められた。

「ラングレー」はアメリカ海軍の航空母艦第一弾として、既存の給炭艦「ジュピター」にトラス構造の柱を立てその上に簡易な飛行甲板をもうけた構造の航空母艦として1922年3月就役した。同年10月には発着艦試験を無事終えて航空母艦としての能力を充分備えていると判断された。その後艦隊へ配備されたものの、低速で防御力も皆無なことが艦隊行動に支障をきたす結果となり、レキシントン級の就役に伴い第一線からは退くことになる。その後は練習艦として主に発着艦などの搭乗員の訓練に供され、多くの初期の搭乗員育成に活躍したのである。

「ラングレー」はワシントン軍縮条約では試作艦として制限外として扱われていたが、ロンドン条約で制限排水量に含まれることになったので、第一次ビンソン計画に際し代艦として「ワスプ」の建造が決定した時点で制限外の水上機母艦へ改装されることとなった。

1936年には飛行甲板の前半三分の一を撤去して艦上機の運用を断念し、水上機母艦AV-3として再改装されて航空機輸送等新任務に就き、太平洋戦争開戦直後の1942年2月27日に日本海軍の陸攻隊によって撃沈されてその生涯を閉じた。

要目

基準排水量	11,050トン
全長	165.3m
水線長	158.3m
水線幅	20.0m
喫水	5.7m
飛行甲板	164mx32.3m
主缶	
主機・軸数	TE/2軸
出力	5000shp
速力	15kt
航続力	10kt/12,260nm
搭載機	33機
兵装	12.7cm/51単装 4門
乗員数	
同型艦	ラングレー（CV-1）

「ラングレー」（1922年）

アメリカ海軍航空母艦 ラングレーCV-1
ルースキャノン1/700レジンキャストキット
製作／遠藤貴浩

「ラングレー」は既存の給炭艦を改造したので基本構造はそのままに、トラス構造の柱を立てた上に飛行甲板を設置した。模型は煙突を舷側可倒式に改正後のもの。

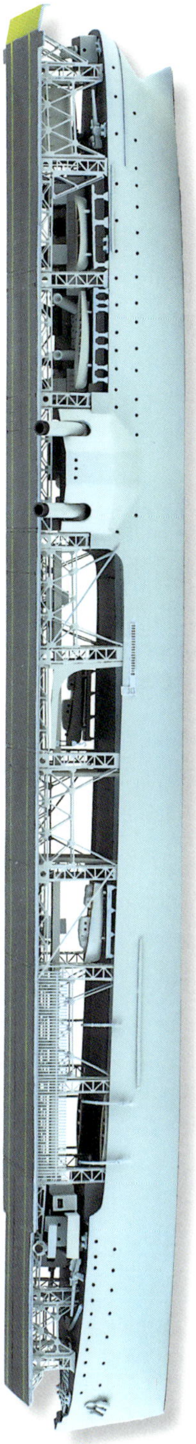

航空艤装はシンプルなもので搭載機の格納庫は不都合もあったが旧石炭庫をそのまま活用している。搭載機の飛行甲板への移動は飛行甲板下のガーダーに設置したホイストクレーンで吊って、いったんエレベーターへ移動して行われた。

飛行甲板はシンプルな長方形。当時の艦上機運用には充分であったが、駐機を考慮すると不足気味。すでに艦首尾にカタパルトが装備されているが、能力不足で艦載水上機の射出に限定された。

「ラングレー」（1936年）／水上機母艦改装後

アメリカ海軍水上機母艦 ラングレーAV-3
ルースキャノン1/700レジンキャストキット
製作／村田博章

水上機母艦改装後の「ラングレー」。飛行甲板の前半三分の一を撤去し艦上機の運用は断念された。太平洋戦争中は航空機運搬に使用されている。

▶「ラングレイ」は改装当初は1本煙突であった。起倒式にはなっていたがその倒れる方向は後方であった。これは使い勝手が悪かったらしく、直ぐに2本に分けられ、舷側方向に倒れるように改良された。

102 レキシントン級

日米の主力艦建艦競争の最中、アメリカ海軍がダニエルズプランで計画した巡洋戦艦はレキシントン級6隻だったが、ワシントン軍縮条約で、メリーランド級戦艦3隻を除きレキシントン級を含む全艦が廃艦もしくは建造中止となる。ただし条約の中で日米が交渉した結果、比較的建造が進んでいたレキシントン級と天城型巡洋戦艦の2隻ずつが航空母艦として建造を許され保有を認められたことになる。当初条約では個艦排水量27,000トンを2隻までとされていたが、アメリカ海軍で試算した結果、未成巡洋戦艦レキシントン級の船体を流用した場合、この排水量では必要かつ充分な能力を備えた航空母艦になり得ないことが判明した。そのためにアメリカ海軍は折衝を重ね天城型が排水量オーバーきたしていることを見越した上で、排水量制限を上限33,000トンとする特例を認めさせた。こうして建造中止が決定していたレキシントン級巡洋戦艦のうち船体の工事が進んでいた「レキシントン」と「サラトガ」が33,000トン型航空母艦として改造されることになった。改造決定時にはすでに基本計画が纏められていたが、「ラングレー」の実績を取り入れた設計変更も多く最終案が纏まったのは1年半後になってしまう。竣工後は米海軍最大の軍艦「Lady Lex」「Sister Sara」として長く国民に親しまれることとなる。

航空母艦建造においてはこれまで「ラングレー」改造の実績しかないアメリカ海軍ではあったが、同時期の日英海軍が航空母艦の建造に試行錯誤していたのとは対照的に、すでに現代の原子力空母に通ずる基本形が大方できていることに驚かされる。元々巡洋戦艦であることから強大な機関と高速力を発揮する船体形状、「赤城」「加賀」と比較して意外と低い飛行甲板、艦首波の影響を考慮したエンクローズドバウなど当時としては画期的なスタイルとなっている。ただ、大出力を発揮する高効率ボイラーは当時の技術では限界があり、機関室の容積が大きくなってしまった。それによる巨大な煙突が横風からの影響や飛行甲板上の気流への影響、左右の重量バランスに大きな障害となった。また、機関室容積の大きさは格納庫面積確保の障害となったが、これは「レンジャー」以降の開放式格納庫の発想へと転換するいい経験となった。

サイズは天城型以上の艦であるが、飛行甲板は元々意外と低く、どっしりとした外観となっている。なお、レキシントン級は最大排水量48,000トンとして設計されていたため、「サラトガ」は1942年初頭の近代改装ですでにこの限界に達したと言われている。さらに1944年の改装で満載排水量が54,000トンに達し舷側装甲帯が水面下になり、わずかな被害でも格納庫の水没することが懸念された。

「レキシントン」は1937年に対空火器の増備と艦首飛行甲板の拡幅を行ない日米開戦を迎えた。8インチ主砲も対空火器に換装される予定だったが、その機械はなかなか得られなかった。大西洋から「ヨークタウン」回航された後ようやく主砲を降ろす改装に入るのだが、5インチ連装高角砲が間に合わず機銃の増備のみで「サラトガ」のような大規模な改装には至らなかった。この状態で珊瑚海海戦に参戦し戦没している。

「サラトガ」は開戦時サンディエゴで修理中だったため真珠湾攻撃を免れ、1942年1月伊6潜水艦の雷撃で大破しブレマートンで修理を行なっている。その際8インチ砲を5インチ連装両用砲に換装。修理完成後の1942年8月の第2次ソロモン海戦に参加するもまたもやその直後に伊26潜水艦の雷撃で航行不能となる。11月には復帰したが1943年6月には「エンタープライズ」が近代改装で離脱するため、南太平洋地域可動正規空母が本艦1隻となってしまう。そのため8月までイギリスから「ヴィクトリアス」を借り受け第36任務部隊を編成して南太平洋地域に展開した。1943年8月からはエセックス級、インディペンデンス級など新型空母が続々と就役したため、それに伴って1943年11月にオーバーホール及び対空火器増強のため艦隊から離脱する。1944年9月「エンタープライズ」と共に夜間作戦空母へ再改装。その後1945年2月に硫黄島作戦で特攻を受け大破し、修理を兼ねて練習空母へ改装された。戦後はビキニ環礁で原爆実験に供され海没し、現在ではスキューバダイビングでも見ることが出来る貴重な航空母艦として人気のスポットとなっている。

要目

基準排水量	36,000トン
全長	270.8m
水線長	259.1m
水線幅	32.2m
喫水	7.4m
飛行甲板	264.0 x 32.3m
主缶	W.F.　16基
主機・軸数	TE　4軸
出力	184,000shp
速力	34.0kt
航続力	15kt/9,500nm
搭載機	90-120機
兵装	新造時：20cm/55連装 4基8門 12.7cm/25単装 12門 改装後のサラトガ： 12.7cm/38連装 4基、単装 8基 40mm4連装機銃 20mm単装機銃
乗員数	2,122
同型艦	レキシントン（CV-2） サラトガ（CV-3）

未完成に終わったレキシントン級巡洋戦艦。6隻の建造が予定されていたがワシントン軍縮条約により全艦未完成に終わった。このうち「レキシントン」と「サラトガ」の2隻が空母へと改装されることとなった。

アメリカ海軍巡洋戦艦 レキシントンCC-1
フルスクラッチビルド1/700
製作／村田博章

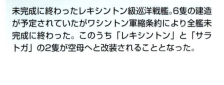

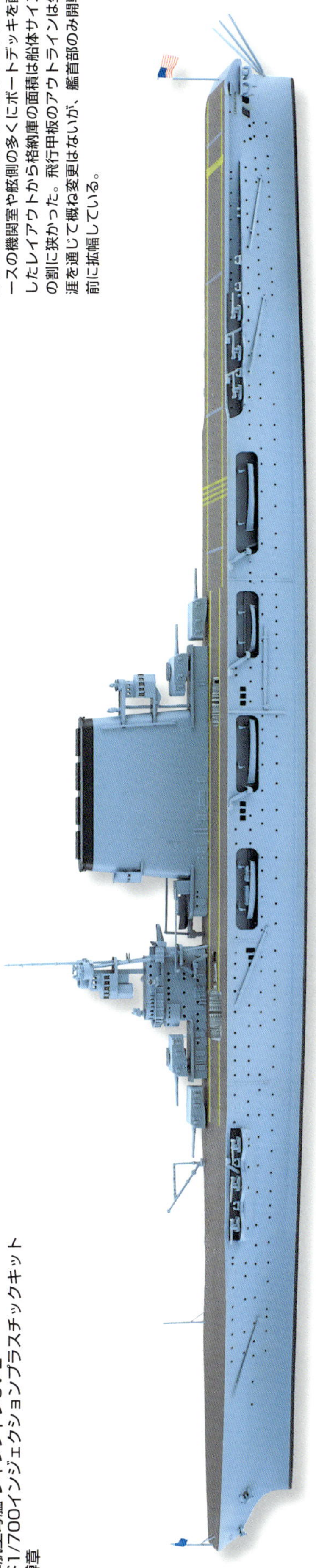

シンプルな外観だが巨大煙突や8インチ主砲指揮所を含む大型の艦橋は存在感がある。大スペースの機関室や舷側の多くにボートデッキを配したレイアウトから格納庫の面積は船体サイズの割に狭かった。飛行甲板のアウトラインは生涯を通じて概ね変更はないが、艦首部のみ開戦前に拡幅している。

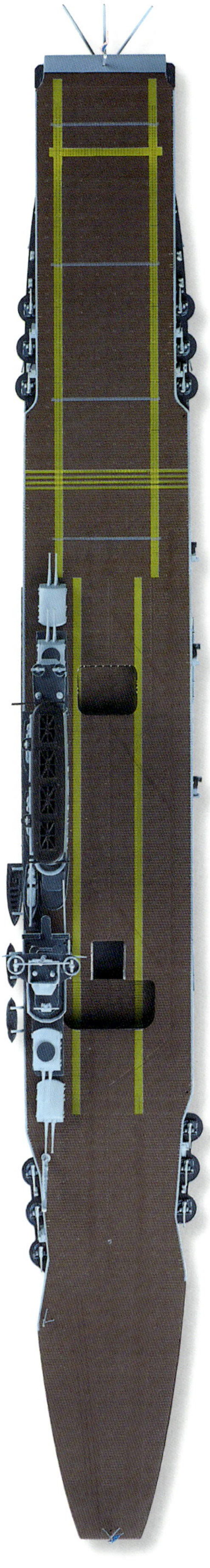

エレベーターは艦の大きさの割に小さく設置場所から格納庫の範囲が見て取れる。艦首にはカタパルトと移動用の軌条が装備されているがこれは水上機用であった。

「レキシントン」(1928年)

アメリカ海軍航空母艦 レキシントンCV-2
ピットロード1/700インジェクションプラスチックキット
製作／村田博章

「サラトガ」(1944年)

アメリカ海軍航空母艦 サラトガ CV-3　1944
ピットロード1/700インジェクションプラスチックキット
製作／村田博章

1943年末の近代化改装で対空火器の更新が行なわれ、大半のエリコン20mm機銃を撤去してボフォース40mm機銃を大量増備した。単装高角砲も新式の5インチ38口径砲に換装された。

船体では煙突が一層低められ、艦橋も三脚マストを廃して新式の高角指揮装置を装備したシンプルな物になった。また、巨大煙突に対する重量バランス是正のため、右舷側のみに大型のバルジを装着して安定を性を確保した。満載排水量の増加で吃水線が沈下したため、極めて重厚なシルエットとなった。

「サラトガ」は1945年2月の特攻での損傷修理に際して練習空母へと再改装された。工事は飛行甲板に集中しており、大型の艦上機に対応するために従来のエレベーターを溶接で埋めた上で大型エレベーターを1基新設した。その他の外観や武装などには手を触れず早期復帰を目指した。飛行甲板上面は新色の染料で染められ幾分青みが強くなった。

「サラトガ」(1945年)
アメリカ海軍航空母艦 サラトガ CV-3 1945
タミヤ1/700インジェクションプラスチックキット
製作／遠藤貴浩

103 レンジャー

ワシントン海軍軍縮条約締結によりレキシントン級の改装が決定した直後からすでに次期航空母艦の検討が開始されていた。当時のアメリカ海軍での航空母艦の位置づけは、主力艦中心の艦隊における防空任務が中心であった。また、巡洋艦の主体の艦隊に随伴して防空と航空攻撃力を有する高速部隊としての任務も求められていた。艦隊側は重巡洋艦並みの防御力と速力を、それに反して海軍航空側では航空打撃力を重視して搭載機を増やすことを要求した。この相反する要求を盛り込んで策定された計画案がのちに「レンジャー」となる13,800トン型の中型空母案であった。「レンジャー」の防御力が貧弱なことや速力が遅いことは計画時より指摘されてきたが航空打撃力=搭載機数増大を最優先とする方針でこれらの欠点には目をつぶることとした。このような背景で建造はスタートしたが、完成前には13,800トン型航空母艦の限界が見えてしまった。そこで「レンジャー」は当初5隻建造される予定だったが1隻のみで建造を打ち切られ、より大型のヨークタウン級の建造が推進されることとなった。

「レンジャー」は米海軍初の、計画時から航空母艦として建造された歴史的な艦で、13,800トンと言う厳しい制限の中、レキシントン級とは全く逆の思想から建造された中型航空母艦である。ただ、「飛龍」を超える全長の船体を13,800トンに押さえるため、防御は限定的で、後に“実戦では使えない艦”との烙印を押されることとなる。

外観を見て分かる通り、航空母艦にしては比較的長い船首楼を持ち、強度甲板とした一層の開放式格納庫床面を設け、その上に格納庫隔壁を立ててギャラリーデッキと飛行甲板が乗る構造となっている。このスタイルはのちのミッドウェー級まで続き、すでに現用原子力空母至る米空母の基本形が本艦で出来ていることに驚かされる。船体の強度甲板が格納庫甲板であるため、飛行甲板にはエキスパンションジョイントを設けてホギング（荒天時、浮力により船体中央部が持ち上げられる現象）に対処している。飛行甲板の外形はレキシントン級の艦首側先細りと異なり、艦首側からの逆着艦を考慮して長方形とし、波浪の影響に配慮してレキシントン級よりも高められた。格納庫はレキシントン級と異なる開放式とされ、格納庫内にすべての機体を格納するのではなく、発動機の試運転を含む整備補給の作業場的な存在と規定した。また、この開放式格納庫は被弾の際には爆風を外に逃がすことができるため、火災や浸水の際もダメージコントロールしやすいと言うメリットが生まれた。一層式の格納庫は天井が高く搭載機を吊すことが可能で、格納数を増やすことが出来る他、整備スペースの確保に繋がり、これもまたこの後のアメリカ航空母艦の標準装備となっている。

排煙に関しては起倒式６本煙突でもわかるとおり経験不足による試行錯誤がうかがえる。これは缶室からの煙路を短くして艦内温度上昇を抑えるメリットがあった。機関は当初ターボ電気推進を予定していたが、タービン技術の進化でより軽量で省スペースの蒸気タービンが採用された。

計画時は艦上機運用の妨げになるとして飛行甲板上に艦橋を持たない平甲板型とされたが、レキシントン級の実績に鑑み、飛行甲板上に小型艦橋を設け射撃指揮装置や航空機の発令所を設置した。航海艦橋は計画通り船首楼甲板上の飛行甲板下に四角い小部屋を設置している。

「レンジャー」は1941年ヨーロッパ戦線が緊迫したため大西洋艦隊に編入された。その際、対空兵装を強化し対空レーダーも装備している。1942年末までは北アフリカの作戦に従事し、1942年のいわゆる“太平洋10月の危機”の際には、被雷の修理が終わり太平洋唯一の空母となった「サラトガ」の僚艦として太平洋に配備されることが検討された。（当時「エンタープライズ」は近代化改装に入るため戦列を離れていた）。しかし防御が弱い艦を前線に送るのは危険だという意見が強く結局これは見送られた。代わりにイギリス海軍へ派遣が要請されて「ヴィクトリアス」が太平洋に回航された。

その後大西洋艦隊で唯一の作戦行動可能な正規空母として運用されたが、度重なる改装に伴う排水量増加から復原性が悪化しており大規模な改装の必要性が高まった。しかしこのころにはすでにエセックス級が就役し始めており、「レンジャー」の大規模な改装は見送られた。1944年5月からの小改装では対空兵装及びレーダーを更新したが、防御面の増強は行なわれなかった。速力の低下もあり、その後は機動部隊としての運用から外され、夜間戦闘機の練習空母として終戦まで行動している。

要目

基準排水量	14,500トン
全長	234.5m
水線長	222.5m
水線幅	20.0m
喫水	6.0m
飛行甲板	216.1mx26.2m
主缶	B&W 6基
主機・軸数	GT/ 2軸
出力	53,500shp
速力	29.5kt
航続力	15kt/11,500nm
搭載機	80-86機
兵装	12.7cm/25単装 8門
乗員数	2,000
同型艦	レンジャー

「レンジャー」(1942年)

アメリカ海軍航空母艦 レンジャー CV-4　1942
コルセアアルマダ1/700レジンキャストキット
製作／村田博章

強度甲板とした一層の開放式格納庫とギャラリーデッキを持つシルエットは現代の航空母艦の基本形に通じるものがある。反面煙路の機構や配置、エレベーターのレイアウトなどに実験艦としての試行錯誤も見て取れる。小型のアイランドは射撃指揮及び航空発令所等を設置するのみで、航海艦橋は艦首飛行甲板下に設けられた。

煙突は「ラングレー」や「鳳翔」と同じ起倒式だった。「レンジャー」はアメリカの正規空母の中で唯一新造時から最終時までカタパルトを搭載しないまま終わった空母である。

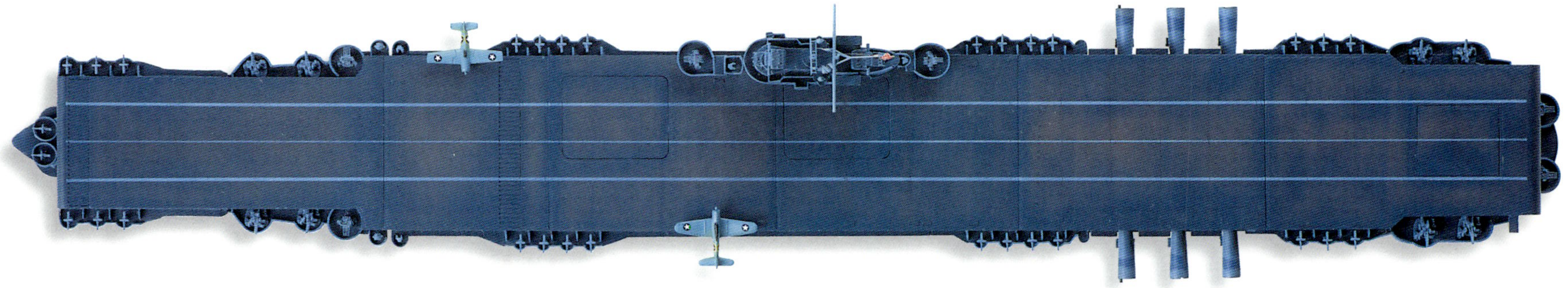

104 ヨークタウン級

ワシントン軍縮条約によりアメリカ海軍は135,000トンの空母保有枠を持っていた。まだ空母の有効性には疑問が持たれる時代だったがアメリカ海軍はとりあえず条約で廃棄されることとなっているレキシントン級巡洋戦艦の船体を利用した大型空母（33,000トン）を2隻建造した。残った建造枠は当初排水量13,500トンの「レンジャー」を5隻建造することで埋める予定だったが、この大きさでは速力、防御力の面で不安があるため、より大きな空母を建造することに転換した。さまざまなタイプの空母案が検討された結果、20,000トンクラスの中型空母2隻を建造することに決まった。これがヨークタウン級となる。

アメリカ海軍の空母デザインの特徴としてまず何よりも艦上機をより多く搭載することが求められた。「レンジャー」とヨークタウン級、そしてヨークタウン級に続く「ワスプ」は4個飛行隊72機の搭載が絶対条件とされていた。その上で「レンジャー」で不評だった防御力と速力の改善が望まれた。この時代はまだ搭載機の能力が低く敵艦を航空機のみで撃沈できるかどうかはまだ未知数だと考えられていた。敵艦が撃沈できなかった場合、「レンジャー」の速力では敵の巡洋艦の追跡から逃れることはできず、防御力も低かったため水上砲戦によって致命傷を受けてしまう可能性が高いと判定されていた。

ヨークタウン級ではまず防御力の改善が考えられた。「レンジャー」では1層のみだった水雷防御（機関部のみは周囲に倉庫を設置したため実質的に2層となる）がヨークタウン級では3層の縦隔壁とされており機械室の周囲は4層とされた。舷側装甲は6インチ（15.2㎝）砲弾防御として水線部に63～102㎜の装甲板を設置していた。ちなみに「レンジャー」では舷側には装甲はない。水平防御も対6インチ砲弾として38㎜の装甲を機関部上面に張っている。

防御力に関しては日本の空母と比較して格段に優秀でそのタフさは珊瑚海海戦、ミッドウェー海戦、南太平洋海戦などで発揮された。一方で水中防御力はこれでもまだ不足しており「ヨークタウン」「ホーネット」はここをつかれて沈没した。アメリカ海軍の評価でも当初より水中防御力は不足していると考えられていたがこの予想はあたることとなる。

機関出力は「レンジャー」の2倍となり最大速力は33ノットとなった。

飛行甲板は「レンジャー」と同様、基本的に矩形（四辺形）である。飛行甲板の前端を広く取ると荒天時に波で破損する恐れはあるが水面からの高さを16.7mと高めに取ることで回避している（エンクローズドバウのレキシントン級は13.7m）。艦首側を広く取ったのは後部の飛行甲板が損傷した際でも艦首側から着艦できる（いわゆる逆着艦）ようにしたためである。

エレベーターは3基搭載されておりいずれも同型である。

アイランドは艦橋と煙突が一体となったものとなった。「レンジャー」では煙突の排煙による乱気流の発生を恐れて可動式の煙突が両舷に設置されているが、風洞実験の結果、艦上機の着艦に支障がないことがわかったためにこのスタイルとなり、これは「ワスプ」、エセックス級、ミッドウェー級へと引き継がれていく。

本級ではじめて本格的なカタパルトが装備されている（レキシントン級にも搭載されたがこれは水上機用だった）。飛行甲板に2基、格納庫に1基搭載された。H2型と呼ばれる油圧カタパルトで2.45トンの飛行機を時速100㎞まで加速、17m弱で発艦させることが可能だった（「エンタープライズ」ではやや強化されたH2-1型カタパルトが搭載されている）。このカタパルトはまだ能力が低かったこともありほとんど使用されていないが、のちのエセックス級ではより強力なカタパルトが搭載され実戦でも使われている。

搭載機は前述したとおり4個飛行隊72機でさらに補用機として36機を格納庫天井のレールから吊るしたり飛行甲板に露天係止する形で収容される。

ヨークタウン級は1933年度計画で2隻が発注された。1番艦「ヨークタウン」は1934年5月起工、1936年4月に進水し、1937年9月30日に竣工した。2番艦の「エンタープライズ」は1934年7月起工、1936年10月に進水で1938年5月に竣工した。かなりゆっくりした建造ペースで3年半程度かかっている。これは大恐慌による影響で工員の職を確保するために意図的に建造ペースを落としたためと考えられる。ヨークタウン級はこの2隻で建造が終わる予定だったが、第二次大戦の危機が迫る1938年、新造空母が2隻建造されることとなり、このうち1隻は建造を急ぐためヨークタウン級の3番艦とされた。これが「ホーネット」で1939年9月起工、1940年12月進水で1941年10月に竣工した。ほぼ2年で建造されており「エンタープライズ」よりも工期が大幅に圧縮されていることがわかる。なおこの1938年度計画で建造されたもう1隻の空母が「エセックス」だった。本級は太平洋戦争ではアメリカ海軍の最新鋭空母として日本海軍の空母部隊と戦いミッドウェー海戦で「ヨークタウン」が、南太平洋海戦では「ホーネット」が戦没している。残った「エンタープライズ」は主要な海戦全てに参加し、何度も大きな損傷を蒙りながらも戦い抜き対日戦勝記念日を迎えることができた。

要目

基準排水量	19,800トン
全長	246.9m
水線長	234.7m
水線幅	25.3m
喫水	6.6m
飛行甲板	244.4x26.2m
エレベーター	14.6x13.4m 2基
主缶	B&W 9基
主機・軸数	GT 4軸
出力	120,000shp
速力	33.0kt
航続力	20kt/8,220nm
搭載機	81-90機
兵装	12.7cm/38単装 8門
乗員数	1,889
同型艦	ヨークタウン（CV-5） エンタープライズ（CV-6） ホーネット（CV-8）

「エンタープライズ」（1939年）

アメリカ海軍航空母艦 エンタープライズ CV-6　1939
タミヤ1/700インジェクションプラスチックキット
製作／村田博章

ヨークタウン級は右舷に煙突と一体型の艦橋が配置されている。煙突は直立しており以後のアメリカ空母は戦後建造艦に至るまでこのスタイルとなった。高温高圧の機関を搭載したためレキシントン級よりもかなり小さな煙突となっている。

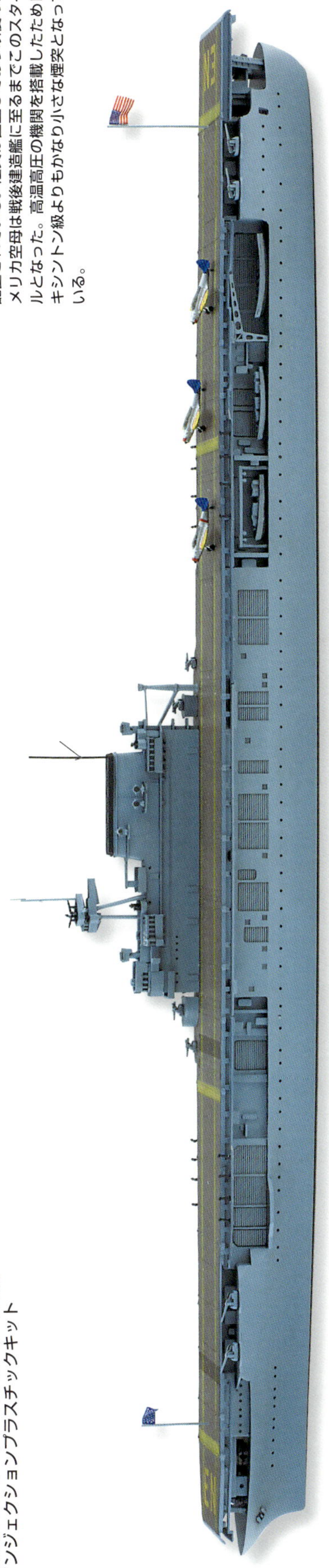

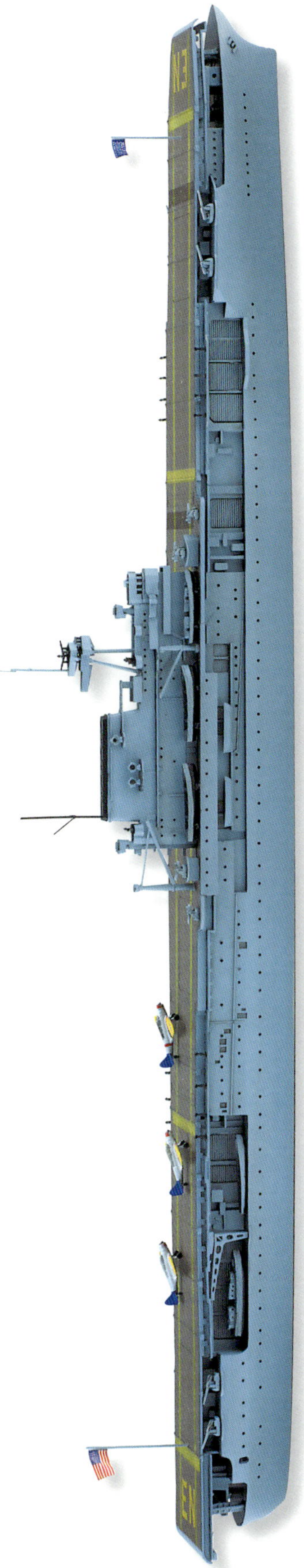

飛行甲板は矩形だがアイランドのある中央部のみやや左舷に張り出している。写真は開戦前の状態で艦首方向からの着艦（逆着艦）に備えるため艦首側の飛行甲板にも艦名を示す「EN」の文字が書かれている。

「ヨークタウン」(1942年)

アメリカ海軍航空母艦 ヨークタウン CV-5　1942
トムスモデルワークス1/700レジンキャストキット
製作／遠藤貴浩

開戦時、まだ新鋭艦だった「ヨークタウン」はほぼ新造時のままの状態で戦っている。レーダーは艦橋に対空見張り用のXAFレーダーを設置した。塗装も戦時迷彩のメジャー 12（船体下部をシーブルー、それ以外をオーシャングレーに塗装）へと変更している。

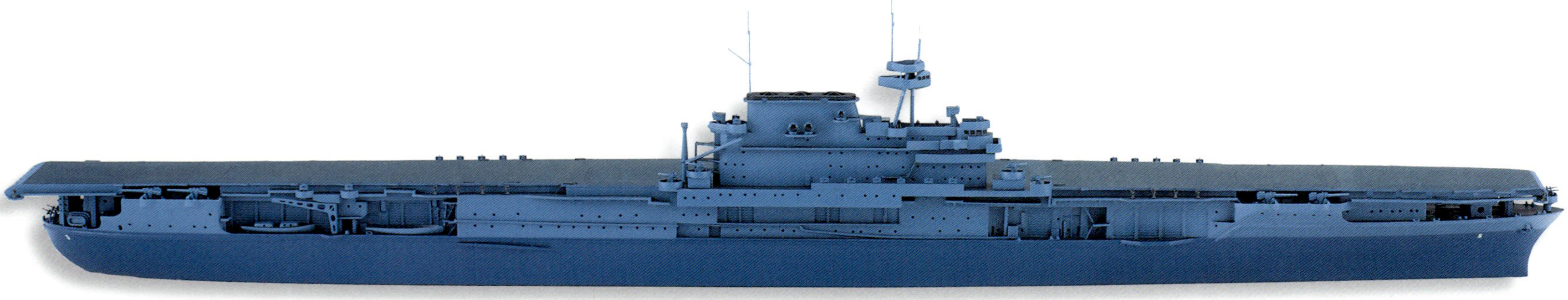

飛行甲板からは艦名表記（「ヨークタウン」は「YKTN」）が消え、色もデッキブルーへと塗り直されている。この時代は空母の数が少なかったためかのちに描かれる艦番号も書かれていない。

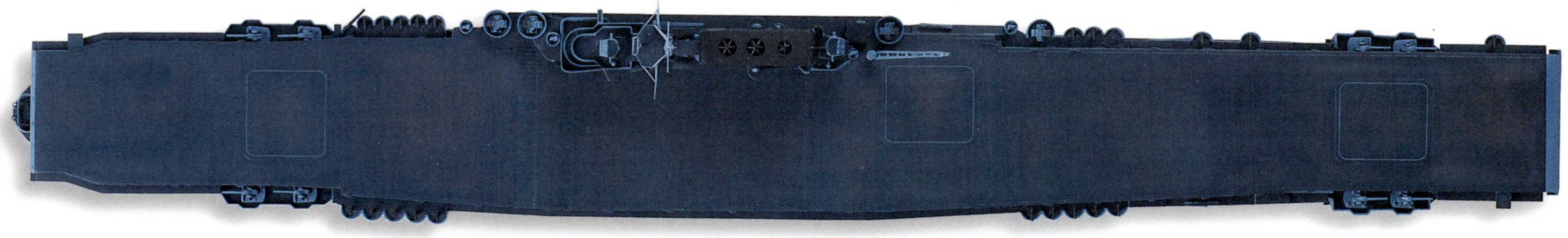

大戦後半になると就役する空母も増えたため甲板上に艦番号を記入するようになった。1945年になるとさすがに旧式化も目立つようになり、新鋭のエセックス級が続々と就役してきたため「サラトガ」とともに夜間作戦用空母として運用されるようになり終戦を迎えた。

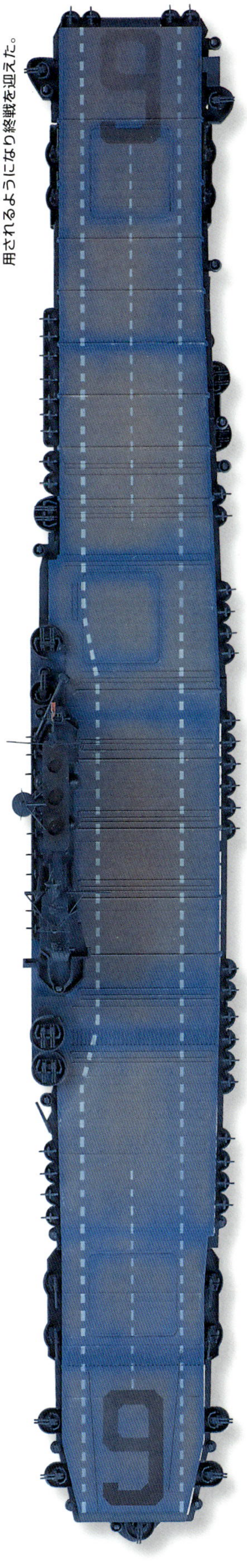

レーダーや対空火器の増強により重量が増加し復原性が悪化したため1943年に大型のバルジが両舷に追加された。これにより復原性は回復し防御力も強化されたが最高速力はやや低下した。

「ヨークタウン」「ホーネット」は大きな改造が施される前に戦没したが、生き延びた「エンタープライズ」は新型レーダーや対空火器を増強している。開戦時は28㎜4連装機関砲と12.7㎜単装機銃の組み合わせだったが大戦後期になると40㎜機関砲と20㎜単装機銃の組み合わせにアップデートされている。

「エンタープライズ」(1945年)

アメリカ海軍航空母艦 エンタープライズ CV-6　1945
タミヤ1/700インジェクションプラスチックキット
製作／村田博章

105 ワスプ

軍縮条約時代、アメリカ海軍はレキシントン級2隻、「レンジャー」に続きヨークタウン級2隻を建造した。これにより残された建造枠は約14,000トンとなった。この残された建造枠を使って建造されたのが「ワスプ」である。サイズ的にはヨークタウン級よりもかなり小さく「レンジャー」とほぼ同じサイズである。艦隊運用面ではサラトガ級2隻、ヨークタウン級2隻をそれぞれペアで運用することが考えられており、新造される「ワスプ」は「レンジャー」とペアで運用されることが前提となっていた。そのため「ワスプ」は「レンジャー」と同程度の速力29ノットでよいものとされた。

設計上、なによりも優先されたのは航空機搭載能力でこれはヨークタウン級と同じ72機（4個飛行隊）が要求された。ヨークタウン級よりも5,000トンも小さい船体に同じだけの航空機を搭載することには無理があり、それ以外の性能は妥協せざるを得なくなる。もっとも犠牲にされたのは防御力でとくに水雷防御は貧弱だった。縦隔壁はヨークタウン級の3層防御（機関室周囲は4層防御）に対して「ワスプ」は1層の縦隔壁しかない。また舷側装甲についてもほぼ無防備のまま設計されていた。魚雷攻撃に対してはまったく考慮されておらず実戦ではこの弱点がつかれる形となってしまった。なお水平防御に関しては下甲板に32mmの装甲を設置していた。

船体のレイアウトを見るとヨークタウン級に似たスタイルだが船体は短めでずんぐりとした印象を受ける。しかし細部を見ると本艦はヨークタウン級の縮小型というよりはのちのエセックス級空母の試作艦とでもいうべき装備が見受けられる。たとえば舷側エレベーター。本艦はヨークタウン級と同様に3基のエレベーターを飛行甲板中心線上に配置することが求められたが、エレベーターを3基設置してしまうとその分、格納庫面積が小さくなり搭載機数も減少する。そのためメインのエレベーターは2基として補助的に格納庫の左舷前部に小型のエレベーターを設置していた。通常のエレベーターとは異なり“T”字型の形状をしており“¯”の部分に主脚を置き、“I”に尾輪を固定した。この舷側エレベーターの採用は成功とみなされてエセックス級ではより本格的な舷側エレベーターが採用された。他にも艦橋の前後に2基ずつ設けられた対空火器（ただし「ワスプ」では5インチ連装高角砲ではなく28mm4連装機銃）や機関のシフト配置などもエセックス級に取り入れられた構造だ。

カタパルトは4基が搭載された。飛行甲板に2基、格納庫内の舷側エレベーター付近に2基である。日本海軍の空母を見慣れた目からは格納庫内のカタパルトは奇異に見えるがこれは日英が採用していた多段式飛行甲板に対抗するものだった。アメリカ海軍は日英とは異なり一段の飛行甲板を選択しつづけてきた。これは後世の目から見ると成功した設計思想だったが、多段式飛行甲板による急速発艦のメリットをアメリカ海軍の一部では評価するものもいた。そこで取り入れられたのが格納庫内カタパルトで、重量の軽い戦闘機、偵察機を舷側方向に射出するというものだった。これはヨークタウン級、「ワスプ」、エセックス級（初期建造艦のみ）と採用されたが実用性に乏しくほとんど使用されることはなかった。

艦橋はヨークタウン級と同じく右舷側に煙突とまとめて配置されたが煙突はやや細くなった。これは機関出力が減少したということもあるが、より高温、高圧の缶を搭載したからである。

「ワスプ」は1934年に建造承認され1935年発注で1936年4月起工、進水は1939年4月で就役は第二次大戦勃発後の1940年4月15日だった。起工から就役まで4年もかかっておりのちのエセックス級が1年半程度で建造されたことを考えるとかなりゆっくりした建造ペースだったことがわかる。「ワスプ」は当初の構想どおり「レンジャー」とともに大西洋に配備されていたが、太平洋方面の激戦でレキシントン級、ヨークタウン級が次々と撃沈破されたため1942年6月に太平洋に配備されることとなった。「レンジャー」も「ワスプ」も最前線で運用するには危険なほど軽防御の空母だったが背に腹は代えられず回航されることとなったが、その不安は的中し太平洋に配備されたわずか3ヶ月後の1942年9月15日、日本海軍の潜水艦「伊19」の雷撃により撃沈された。なお「レンジャー」ではなく「ワスプ」が太平洋に回されたのはやや設計が新しく対空火器が充実しているからという判断があったと考えられる。

要目

基準排水量	14,700トン
全長	226.1m
水線長	209.7m
水線幅	24.6m
喫水	6.1m
飛行甲板	211.6 x 28.3m
エレベーター	14.6x 13.4　2基+DEE
主缶	B&W 6基　drum 3基？
主機・軸数	GT 2軸
出力	75,000shp
速力	29.5kt
航続力	20kt/8,000nm
搭載機	80-84機
兵装	12.7cm/38単装 8門 28mm4連装機銃 4基
乗員数	1889
同型艦	ワスプ（CV-7）

「ワスプ」(1942年)

アメリカ海軍航空母艦 ワスプ CV-7　1942
コルセアアルマダ1/700レジンキャストキット
製作／村田博章

排水量を14,000トン級に抑える一方でヨークタウン級と同規模の艦上機を運用するという無理な要求をかなえるため全長は約10%短くなった。格納庫は全長159.1m、幅19.2mで長さはヨークタウン級よりも7m短かったが幅は同じでずんぐりした印象を受ける。左舷側の前部高角砲砲座2基のすぐ後ろのシャッター部分に舷側エレベーターが配置されているのが見える。

艦橋はヨークタウン級と同じく右舷に煙突とともにまとめられている。高温高圧ボイラーを採用したため煙突は細くなった。

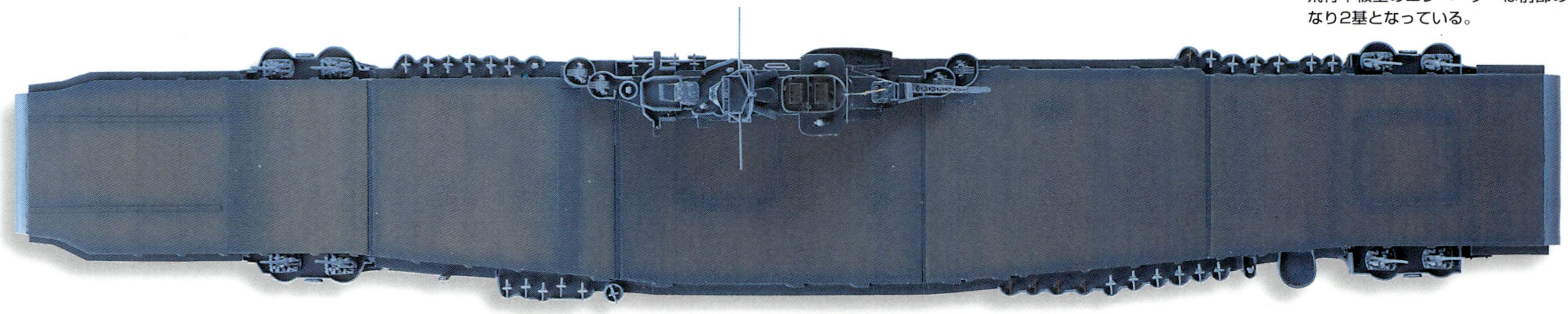

船体は短いが飛行甲板はなるべく広く取られた。艦型が小さく右舷側にアイランドを配置したため船体は左右非対称で左舷側が膨らんでいる。飛行甲板上のエレベーターは前部のものがなくなり2基となっている。

106 エセックス級

列強の海軍艦艇を制限するワシントン・ロンドン両軍縮条約は1937年に日本とイタリアが第二次ロンドン条約に参加しないことが決まった。そこで残された米英仏間で保有制限枠を拡大するエスカレーター条項が締結された。この中でアメリカはあらたに40,000トン分の空母を新造できる権利を得た。アメリカ海軍はこれを二つにわけ2万トン級空母を2隻建造することとしたが、新たに設計することは時間がかかるのでとりあえず1938年度はすでに先に建造されたヨークタウン級の同型艦を追加することとし1939年度艦から新規設計の空母を建造することとなった。前者がヨークタウン級3番艦「ホーネット」であり、後者がエセックス級1番艦「エセックス」となる。

設計にあたってはヨークタウン級に対して「搭載機数の増大」「飛行甲板面積の増大」「搭載機数増大にともなう燃料搭載量の増大」「対空火器の強化」「速力、航続性能、防御力強化」が求められた。ヨークタウン級をすべての面で上回る空母が求められたのだが残された排水量枠は2万トン強しかなく、かなり無理があった。設計は難航したが、結局1939年9月に第二次大戦が勃発すると、これまでの第二次ロンドン条約エスカレーター条項に縛られることがなくなり、その結果、排水量は6,500トンの拡大が認められることとなった。この結果生まれたのがエセックス級空母である。

最大の特徴は広大な飛行甲板であり、18機編成の4個航空隊、72機を同時に発艦させるだけの面積を確保することが絶対条件とされた（最大で5個飛行隊90機が展開できることも同時に要求されている）。そのため排水量の許容範囲内で飛行甲板は全長、幅とも精一杯拡張された。飛行甲板の全長は268m、使用可能最大幅は36.8mで有効飛行甲板面積はヨークタウン級より30%増大しており、より大型のレキシントン級や日本海軍の「信濃」とほぼ同等の面積を確保していた。

格納庫は1段式の開放型格納庫となっており床面積は2段式格納庫を採用した日英の空母より狭かったが、格納庫天井のレールに搭載機を吊るして配置したり露天係止などを積極的に活用することによりヨークタウン級より1個飛行隊（18機）多い90機の運用が可能となった。

防御力は飛行甲板に装甲を施さない代わりにその下の格納庫甲板に装甲を張った。爆撃や砲撃を受けた場合、飛行甲板は貫通してしまうがその下の格納庫甲板で食い止めることが可能で、開放型格納庫を採用したことにより損傷時は可燃物をそのまま海中投棄し、被害の拡大を防ぐことができた。このこともあり、太平洋戦争末期にエセックス級は特攻機により攻撃を受け炎上するケースがあったがいずれも格納庫内までで被害は食い止められており、自力航行により戦場を離脱している。

対空火器は艦橋の前後に5インチ連装高角砲を2基ずつ合計で4基搭載しており両舷に対して指向することができた。ただしこの艦橋の高角砲は搭載機が飛行甲板に展開している際には射角が制限されるため左舷には5インチ単装砲が甲板脇のスポンソンに配置されている。

その他に特徴的な装備として舷側エレベーターとカタパルトの存在がある。舷側エレベーターは「ワスプ」ではじめて装備されたものだったがエセックス級ではより本格的なものとなった。当初の設計案ではエセックス級は艦の中心線上に3基のエレベーターが設置される予定だったが中央部にエレベーターを置いた場合、格納庫面積が減り搭載機数が減少することが懸念された。エセックス級は何よりも5個飛行隊90機搭載が最優先に考えられた空母であり、搭載機数の減少はあってはならなかった。そこで「ワスプ」の舷側に実験的に搭載された小型エレベーター

◀迷彩の項（84ページ～）で紹介しきれないパターンをここに示した。太平洋戦争最終盤に竣工した「ランドルフ」「ベニントン」「ボノム リシャール」「アンティータム」の4隻が竣工時に導入したスキーム“Ms.17A”で、塗色の数とパターンが2種類あった。画像の「ランドルフ」はアメリカ艦艇唯一で最大6色を用いた“Ms.32/17A-1”を纏った。残念ながら実戦配備直後にMs.21に変更しているので、何で塗ったのかと疑問を持ってしまう。ただ、使った色数ほどけばけばしくなく精悍な印象である。それはアメリカ海軍の迷彩色が同系色であると言う証であろうか。

▶「ベニントン」はスキーム“Ms.32/17A-1”で竣工後、程なくして“Ms.32/17A-2”に塗り替えられてしまう。残りの2隻は初めから“Ms.32/17A-2”であった。こちらは塗色をネイビーブルー（5-N)、オーシャングレー（5-O)、ヘイズグレー（5-H）の3色に減らしたのでスッキリはしているが、幾らかモノトーンな感じに見える。当時塗料の不足もあって色数を制限したのか6色迷彩を維持することはなかった。

「エセックス」(1944年)

アメリカ海軍航空母艦 エセックス CV-9
ドラゴン1/700インクジェットプラスチックキット
製作/鈴木幹昌

1番艦「エセックス」。飛行甲板の有効面積を大きく取るため前部、後部とも飛行甲板が外側にはみ出している。そのため艦首艦尾方向の対空火力がやや低く、のちの建造艦では船体を延長し対空火器用スポンソンを追加することとなった。初期の船体が短いタイプをショートハル(短船体)タイプと呼ぶ。

船体の左右にシャッターで塞がれた開口部を見ることができる。エセックス級は格納庫床面に装甲を施し、その上に非装甲の甲板を載せている。もし爆撃を受けた場合は格納庫床面で受け止め機関部などに被害が及ばないようにという考えだ。

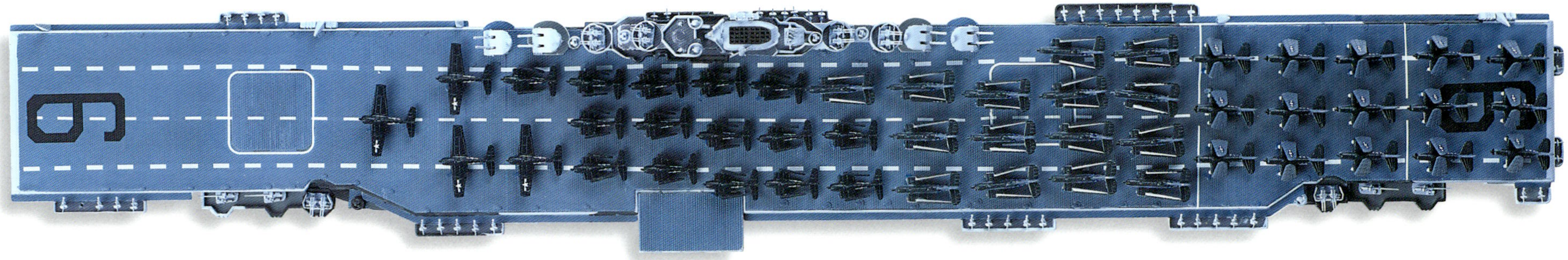

真上から見ると船体は飛行甲板にすっぽり覆われており見ることができない。このことからも飛行甲板面積を優先した設計であることがわかる。

をエセックス級でも採用することとした。「ワスプ」のエレベータは戦闘機しか利用できない小型の簡易式のものだったが、エセックス級のエレベーターは最大重量12.7トンと大型化され大戦後期の艦上雷撃機TBF/TBMアヴェンジャーなどの大型機にも対応可能なものとなった。

カタパルトについてはほとんどのアメリカ空母で搭載されている。カタパルトが搭載されなかったのは4番目空母である「レンジャー」ぐらいだ。しかし初期の空母に搭載されたカタパルトは実用性に乏しくほとんど有効に運用されることはなかった。エセックス級の設計時にはようやく実用的なカタパルトが完成していたが、当初このカタパルトは小型空母用に優先的に搭載される予定でエセックス級に搭載する予定はなかった。実際に1番艦「エセックス」は建造を急いだこともありカタパルトなしの状態で就役している。しかし飛行甲板に搭載機を満載した状態でも発艦できることや、風向きに左右されないことが評価され最終的には艦首に2基のカタパルトが搭載されることとなった。なお初期のエセックス級は舷側エレベーターの開口部から直接搭載機を射出する格納庫内カタパルトが搭載されていたがこちらは実用的ではなくのちに廃止されている。

冒頭で書いたとおりエセックス級は第二次ロンドン条約の制限下で1隻のみ建造する計画で量産する予定はなかった。この辺りの事情は同時期の日本海軍の空母「大鳳」に似ている。違うのは第二次大戦のイギリス、フランスの戦いを見てすぐに軍備計画を拡大する「スタークプラン（両洋艦隊法案）」を1940年に可決したことだ。これによりエセックス級は1940年7月に3隻、9月にはさらに8隻が追加建造されることが決まった。太平洋戦争前、アメリカは参戦前にすでに11隻の量産を決めていた。これに対して同時期の日本海軍の⑤計画では改大鳳型1隻とより小さな雲龍型2隻を計画するのが精一杯で、しかもこの改大鳳型は早い段階で建造中止となってしまった。

エセックス級の量産計画はこのあとも拡大し続ける。太平洋戦争開戦直後の1941年12月には追加で2隻、1943年度予算ではさらに10隻、1944年度予算で3隻、1945年度予算で6隻の追加建造が計画されることになった。結局、エセックス級の建造計画は合計32隻という巨大なものとなっている。

この中で1945年度予算の6隻は全艦キャンセルされ、また建造が遅れていた2隻（43年度艦1隻と44年度艦1隻）の建造も中止された。さらに「オリスカニー」も建造途中でジェット機に対応するべく設計を変更されたため結局エセックス級として建造されたのは23隻となった。

建造期間は建造を担当した造船所によって異なるが平均して1年6ヶ月程度で完成しておりこれは当初考えられていた3年の半分だった。「ホーネットII」「タイコンデロガ」などは1年3ヶ月で完成している。

エセックス級は1943年後半から太平洋戦線に加わり高速空母部隊の主役として活躍している。日米の空母部隊が全力でぶつかったマリアナ沖海戦ではエセックス級は「エセックス」「レキシントンII」「ホーネットII」「ヨークタウンII」「ワスプII」「バンカーヒル」の6隻を間に合わせることができた（他にヨークタウン級の「エンタープライズ」も参加）。艦名を見ればわかるとおりエセックス級6隻のうち4隻は太平洋戦争前半に日本海軍によって撃沈された空母の名前を引き継いでおりこの海戦で勝利を収めたことによりそのリベンジは果たされたといっていいだろう。

エセックス級空母はマリアナ沖海戦以降も就役艦を増やし、レイテ沖海戦、沖縄戦などでも次々と活躍した。大戦末期になると日本海軍は通常の航空攻撃を諦め特攻機による体当たり攻撃を強化した。エセックス級空母は「イントレピッド」（4回）「フランクリン」（2回）「レキシントンII」「エセックス」「ハンコック」（2回）「タイコンデロガ」「ランドルフ」「ワスプ」「バンカーヒル」の10隻（合計15回）が損傷した。中でも「フランクリン」の損傷はひどく搭載機、爆弾、燃料に引火し一時的に航行不能になるほどの被害を受けた。なんとか火災を鎮火し自力で帰投したが、修理に時間がかかりそのまま終戦まで艦隊に復帰することはできなかった。

他にも「バンカーヒル」や「ハンコック」「イントレピッド」などは大きな損傷を受けているが沈没には至らなかった。これは飛行甲板の下の格納庫甲板を装甲化していたため上部構造物は損傷しても機関自体は無傷だったからで、応急修理能力の高さと相まってアメリカ空母の生存性の高さを表している。

エセックス級空母の量産の成功は大戦後半のアメリカ海軍の勝利の立役者であり日本海軍を壊滅に追いやった最大の要因だったと言ってよいだろう。

要目

基準排水量	27,100トン
全長	267.6m（短船体型） 270.8m（長船体型）
水線長	249.9m
水線幅	28.4m
喫水	7.0m
飛行甲板	268.7x36.8m*
エレベーター	14.7x13.5m 2基
主缶	B&W 8基
主機・軸数	GT 4軸
出力	150,000shp
速力	33.0kt
航続力	15kt/16,900nm
搭載機	80-100機（36/F6F 、37/SB2C 、18TBF）
兵装	12.7cm/38連装 4基8門 12.7cm/38単装 8門 40mm4連装機銃 8基
乗員数	3,500（3,448/340+2,900）
同型艦	エセックス（CV-9） ヨークタウンII（CV-10） イントレピッド（CV-11） ホーネットII（CV-12） フランクリン（CV-13） レキシントンII（CV-16） バンカーヒル（CV-17） ワスプII（CV-18） ベニントン（CV-20） ボノムリシャール（CV-31） タイコンデロガ（CV-14） ランドルフ（CV-15） ハンコック（CV-19） ボクサー（CV-21） レイテ（CV-32）** キアサージ（CV-33）** アンティータム（CV-36） プリンストン（CV-37）** シャングリラ（CV-38） レイクシャンプレイン（CV-39） タラワ（CV-40）** バリーフォージ（CV-45）** フィリッピンシー（CV-47）** オリスカニイ（CV-34） （戦後の改造プログラムで完成）

*……タイコンデロガ、ランドルフを除く
**……1945年8月15日以降に就役したもの

エセックス級空母9番艦「ハンコック」。エセックス級は優れた設計だったが前後からの航空攻撃に弱いという欠点があった。それを解消するために艦首と艦尾を延長し40㎜機関砲用のスポンソンを設置した。これをロングハル（長船体）タイプと呼ぶ。

これまでの空母と大きく異なる艤装のひとつが左舷に設置された舷側エレベーターの存在だ。艦上機の運用は2基よりも3基のエレベーターを設置したほうがよいが開口部を増やすと防御力が低下する。舷側エレベーターは防御力を低下させずに艦上機運用効率を上げるすぐれたアイデアだった。

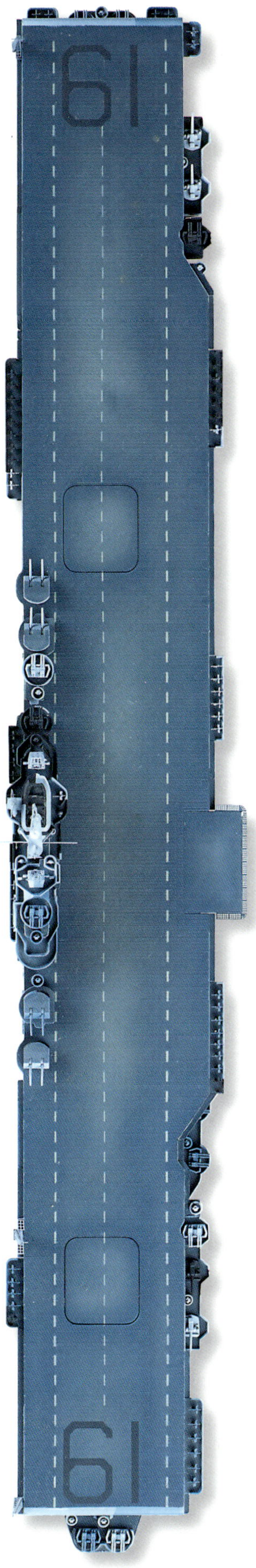

「ハンコック」（1944年）
アメリカ海軍航空母艦 ハンコック CV-19
ピットロード1/700インクジェットプラスチックキット
製作／市野昭彦

107 インデペンデンス級

大戦間のアメリカの空母デザインの変遷を見ると何度か10,000トンクラスの軽空母の提案がなされているが、結果としてすべてこれらの軽空母案は失敗作として量産されずに終わっている（「レンジャー」と「ワスプ」）。軍縮条約下における制限排水量枠を考えると防御力の貧弱な小型の空母は不経済であり戦力的にも疑問符がつくものだったからだ。結局、艦隊用の正規空母は排水量20,000トン以上の中型空母がメインとして整備されることが決まった。しかし第二次大戦の勃発が状況を変える。アメリカ海軍では第二次ロンドン条約のもと、1938年度艦である「ホーネット」(ヨークタウン級3番艦)が1941年末に就役したあとは1939年度艦「エセックス」が就役する1944年春まで空母の補充はできない見込みだった。結果として「エセックス」は建造が急がれ1942年末には就役したが、この当時は建造にはもう少し時間がかかるものと見られていた。そこでフランクリン・ルーズヴェルト大統領は1941年8月、エセックス級空母が完成するまでの間を埋めるべく艦隊に随行可能な改装軽空母の建造を提案した。海軍はこの提案に対して能力の劣る軽空母に資源を割くことに消極的だったが、大統領の提案を無視するわけにもいかずクリーブランド級軽巡洋艦の船体を利用した10,000トン級軽空母を建造することを決定した。設計はちょうど同時期に進んでいた護衛空母を基本としたためスムースに進み1942年2月には終了した。設計において重視されたのは既存の船体からなるべく短期間で改装ができることでそのために不充分な面も多数あったが目をつぶることとした。高速艦隊とともに行動するために選ばれた巡洋艦の船体だったがこの上に格納庫と飛行甲板を設置することはトップヘビーとなるためさまざまな面で妥協せざるを得なかった。飛行甲板は船体の長さの割に短く抑えられており、日本の改装軽空母などと比較しても見劣りするものだった。船体も復原性回復のため小型のバルジの追加は行なわれたが大きな改装はなされていない。もとのクリーブランド級軽巡洋艦は艦首、艦尾にシアーが設けられたため最上甲板は傾斜していた。このまま最上甲板を格納庫床面として使用することは運用上問題があるため、最上甲板の上に水平に格納庫床面を設置することにしその上に格納庫を設置することとなった。このため格納庫の容積は小さくなり強度も不足し、エセックス級空母のように格納庫天井に搭載機を吊るして保管することなどもできなかった。結果として船体規模の割に搭載機数は少なくなっている

本級の最大の問題点は防御面にあった。船体の容積が不足していたため航空機用の魚雷庫が格納庫後端にほぼ無防備で設置されていたのだ。本来ならば船体深部に装甲を施して設置されるべきだったが、すでに完成した船体を利用するために高所に設置され、さらに復原性悪化をおそれて弾片防御程度の装甲しか配置できなかった。仮に格納庫で火災が発生した場合、この危険な魚雷庫に延焼するおそれがあり、実際に「プリンストン」はこの魚雷庫の爆発により沈没している。この魚雷庫のレイアウトは完全に失敗だったため、のちのサイパン級では船内に移動させられている。

インデペンデンス級の最大の功績は

要目

基準排水量	11,000トン
全長	189.9m
水線長	182.9m
水線幅	21.8m
喫水	6.1m
飛行甲板	168.2 x 22.3m
主缶	B&W 12基
主機・軸数	GT 4軸
出力	100,000shp
速力	342.0kt
航続力	15kt/10,100nm
搭載機	45機
兵装	40mm4連装機銃 2基 40mm連装機銃 9基
乗員数	1,569
同型艦	インデペンデンス（CVL-22） プリンストン（CVL-23） ベローウッド（CVL-24） カウペンス（CVL-25） モンテレイ（CVL-26） ラングレイ（CVL-27） キャボット（CVL-28） バターン（CVL-29） サンファシント（CVL-30）

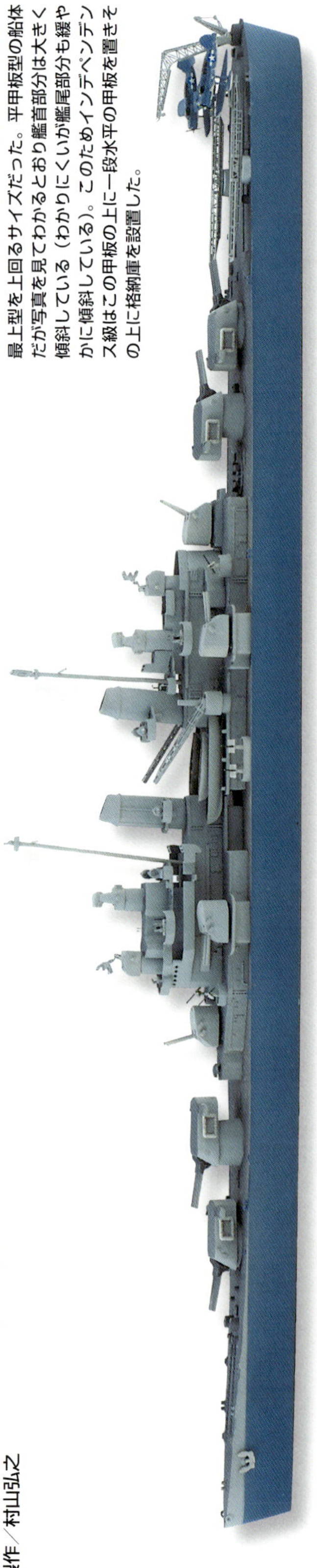

インデペンデンス級空母のベースとなったクリーブランド級軽巡洋艦。軽巡洋艦とはいっても排水量は10,000トンを超える大型艦で日本の最上型を上回るサイズだった。平甲板型の船体だが写真を見てわかるとおり艦首部分は大きく傾斜している（わかりにくいが艦尾部分も緩やかに傾斜している）。このためインデペンデンス級はこの甲板の上に一段水平の甲板を置きその上に格納庫を設置した。

「クリーブランド」(1944年)
アメリカ海軍軽巡洋艦 クリーブランド CL-55
ピットロード1/700インクジェットプラスチックキット
製作／村山弘之

1942年という遅い時期に設計を開始したにもかかわらず1943年末までに9隻の同型艦がすべて完成したことにある。1943年の時点ではまだエセックス級空母は4隻しか完成しておらず、戦前に建造された空母はこの時期までに大半が失われていた。このアメリカ海軍がいちばん苦しい時期に量産され戦列に加わったインデペンデンス級空母は大型の正規空母を補完する形で太平洋戦争を戦っている。護衛空母と異なり、インデペンデンス級は速力も32ノットと早く高速空母部隊の運用にもマッチしていた。当初は建造に消極的だった艦隊側もエセックス級空母と組み合わせる形でうまくインデペンデンス級空母を活用した。

側面から見ると船体の長さの割に飛行甲板の前端が短いのが目につく。これは軽巡洋艦の船体を利用したため艦首部分の復原性が不足していたことと艦首側に重いカタパルト設置したこと、ふたつの点に配慮したため。

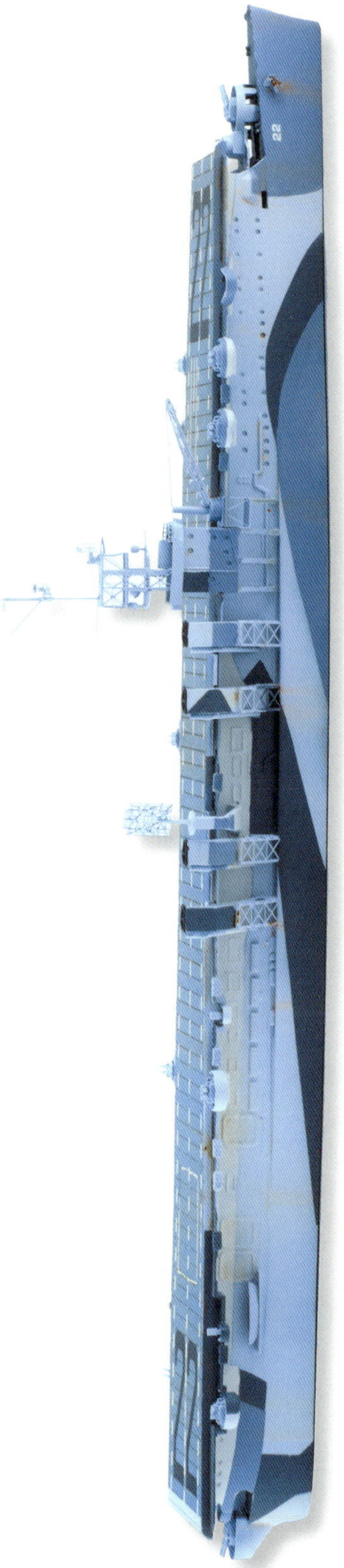

上から見ると飛行甲板の面積が狭いことがよくわかる。前部エレベーターの付近には左舷側に張り出しを設けて搭載機の移動用スペースを確保した。

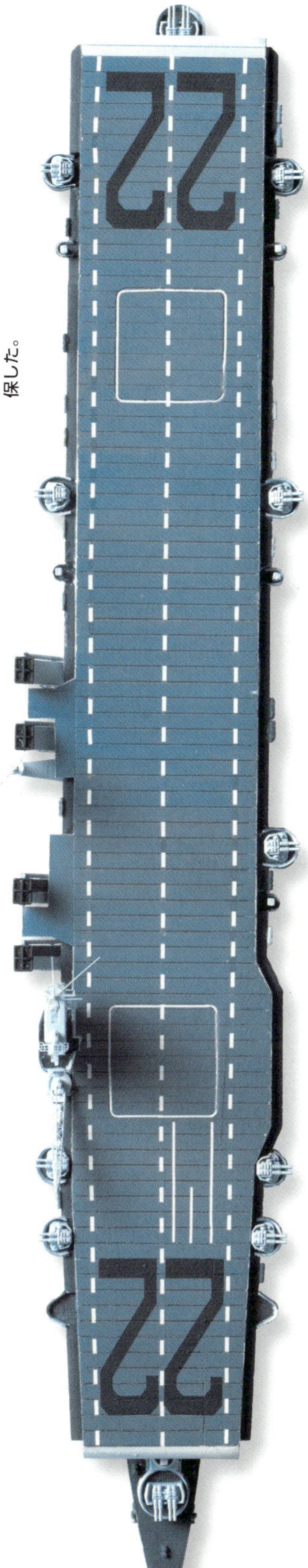

「インデペンデンス」(1944年)
アメリカ海軍航空母艦 インデペンデンス CVL-22
ドラゴン1/700インクジェットプラスチックキット
製作／有賀あやめ

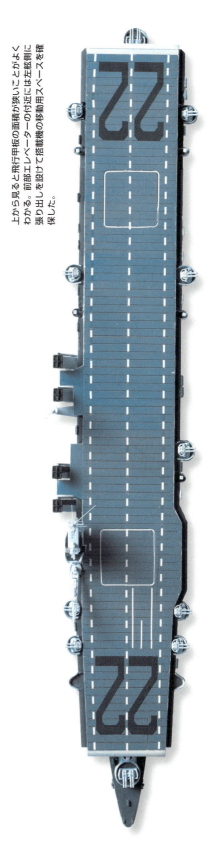

108 ロングアイランド／ボーグ級

第二次大戦が勃発して2年目の1940年になるとドイツ海軍の潜水艦による通商破壊戦が激化してきた。この時期まだアメリカは参戦はしていないがイギリスからの要請を受けて試験的に建造した護衛空母が「ロングアイランド」だった。改造の母体として選ばれたのは建造中のC-3型貨物船「モアマックメイル」で、3ヶ月程度の改装により1941年6月2日「ロングアイランド」として就役した。「ロングアイランド」への改装は最小限のものとされ、貨物船時代の最上甲板の上に格納庫と飛行甲板を設置しエレベーターとカタパルトを甲板上に備えた。格納庫は船体後半部だけであり、エレベーターも1基しか設置されていない。飛行甲板はのちの護衛空母と比較するとやや短めでカタパルトなしでは搭載機の発艦が難しいと思われたが戦闘機のような軽い機体ならば発艦することもできた。使用実績は好評で本艦をベースに本格的な護衛空母の建造が始まった。

実験的に建造された「ロングアイランド」に続いて、その経験とイギリス海軍からの情報を得て小規模な改修が実施され4隻の準同型艦が4隻建造された。これらはイギリスに引き渡されたが、そのうちの1隻、3番艦「チャージャー」のみがアメリカ海軍に返還された。

「ロングアイランド」と「チャージャー」の建造で得られた教訓を活かして量産されたのがボーグ級となる。船体は「ロングアイランド」「チャージャー」と同じくC-3型貨物船をベースとしていたが飛行甲板は拡大され、より重い機体が運用できるように甲板の強度も強化された。カタパルトも雷撃機などに対応できる強力なものに交換されエレベーターも運用可能重量を増して2基とした。「ロングアイラ

最初の商船改装護衛空母「ロングアイランド」。実験的な艦でC-3型貨物船をベースとしていた。側面から見るともともとの商船の形状も見て取れる。格納庫は船体後部にのみ設置されており搭載機は21機だった。

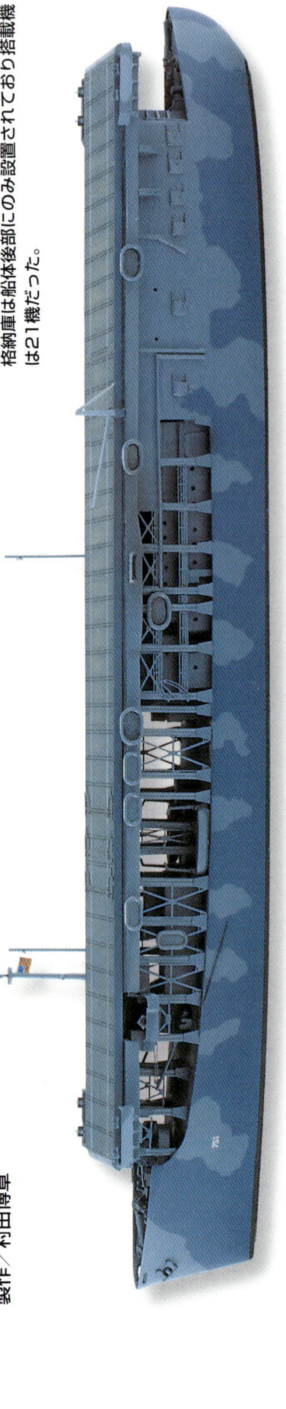

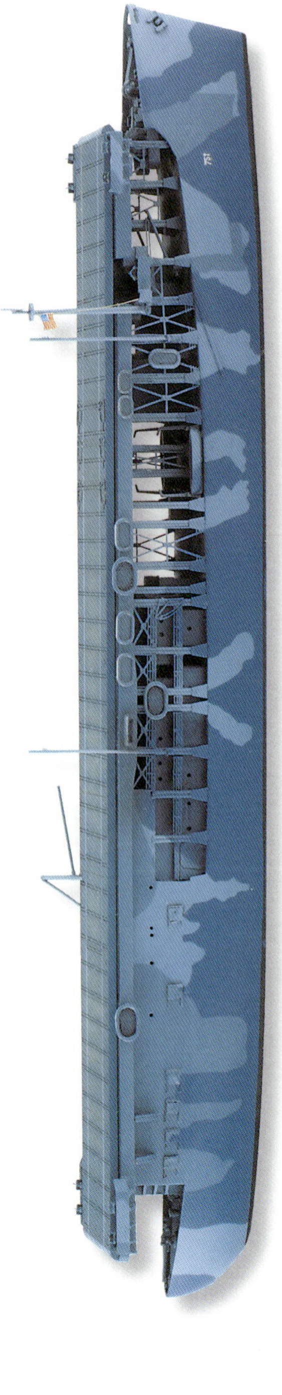

船体前部に格納庫がないためエレベーターも飛行甲板後部に1基のみ設置されている。エレベーター1基では飛行甲板への展開か格納庫の収納のどちらかしかできず大変非効率的である。

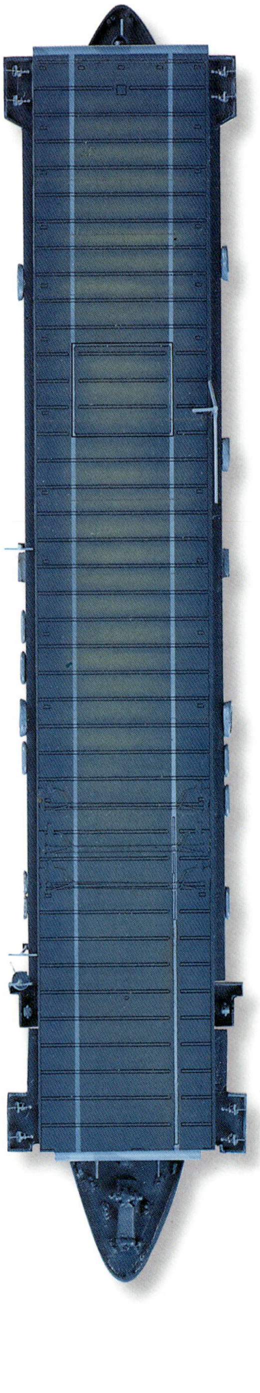

「ロングアイランド」(1943年)
アメリカ海軍航空母艦 ロングアイランド CVE-1
ルースキャノン1/700レジンキャストキット
製作／村田博章

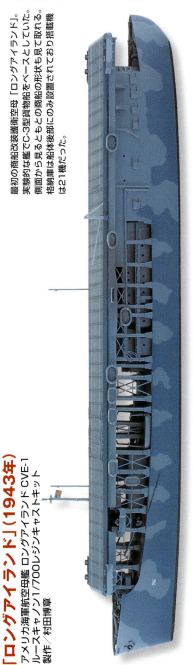

ンド」では船体後部のみだった格納庫も拡張されて船体前部に及ぶ大きなものへと変更されている。また「ロングアイランド」では艦橋は飛行甲板下に設置される平甲板型空母だったがイギリスの要望で小型の露天艦橋が右舷前部に設置されレーダー設置用のマストが併設された。またC-3型貨物船時代のディーゼル推進機関は安定性に欠けるため蒸気タービンへと改正されている。

最初に大量生産された護衛空母となったボーグ級は1941年12月11日に44隻の建造が決まった。内訳は1942年度計画で20隻、1943年度計画で24隻である。このうち建造中のC-3型貨物船を利用して改装されたのがボーグ級（1942年度の20隻）、設計自体はほぼ同じだが最初から空母として建造された艦をプリンス・ウィリアム級（1943年度の24隻）と区別して扱うこともある。

44隻建造された本級は1942年度艦20隻のうち半分の10隻と1943年度艦24隻のうち23隻、合計33隻がイギリス海軍へ供与され、アメリカ海軍のボーグ級として就役したのは11隻のみだった。アメリカ海軍で使用されたボーグ級11隻は対潜哨戒任務に使用されたがのちにサンガモン級護衛空母やカサブランカ級護衛空母が完成すると航空機運搬任務につく機会が増えていった。

要目（ボーグ級）

基準排水量	7,800トン
全長	151.2m
水線長	141.7m
水線幅	21.2m
喫水	7.9m
飛行甲板	133.1x 24.4m
エレベーター	12.6x 10.1m 2基
主缶	FW"D" 2基
主機・軸数	GT 1軸
出力	8,500shp
速力	18kt
航続力	15kt/26,300nm
搭載機	28機
兵装	12.7cm/38単装 2門 40mm4連装機銃
乗員数	890
同型艦	ボーグ（CVE-9）、カード（CVE-11） コパヒー（CVE-12）、コア（CVE-13） ナッソー（CVE-16）、アルタマハ（CVE-18） バーンズ（CVE-20）、ブロックアイランド（CVE-21） ブレートン（CVE-23）、クロアタン（CVE-25） プリンスウィリアム（CVE-31）

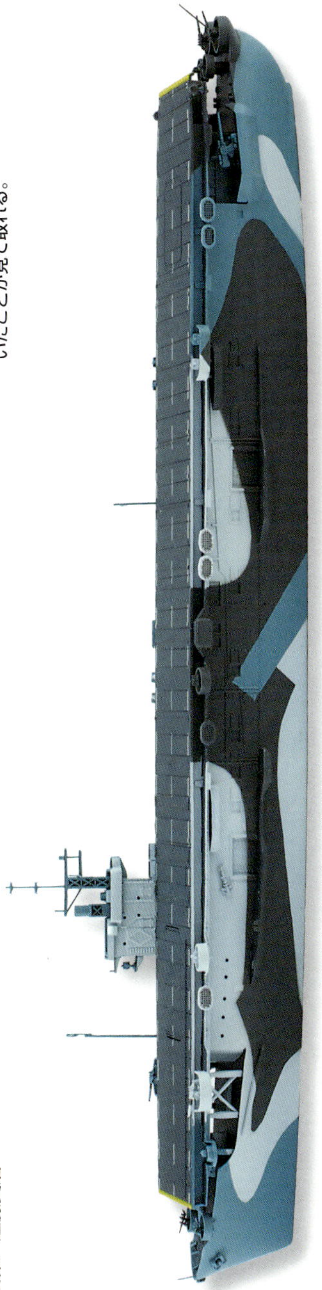

最初の量産型改装護衛空母となったボーグ級。艦橋が設置され本格的な空母らしく見えるが艦首形状などを見るとC-3貨物船をベースとしていたことが見て取れる。

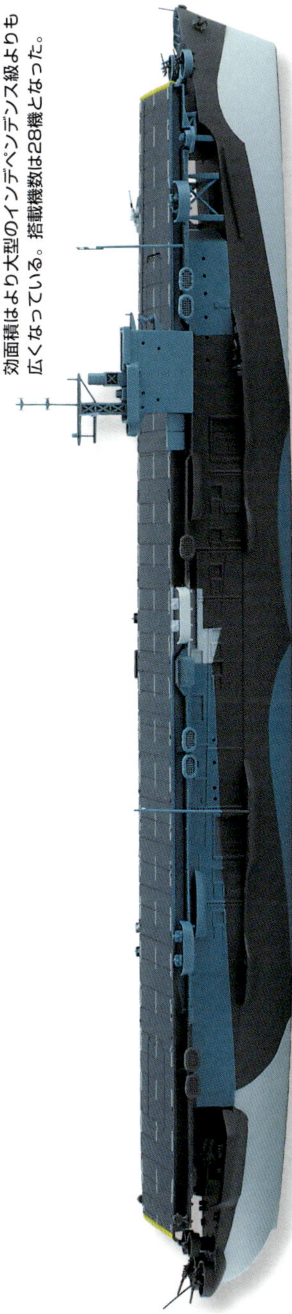

格納庫は船体前部に伸ばされ拡大している。有効面積はより大型のインデペンデンス級よりも広くなっている。搭載機数は28機となった。

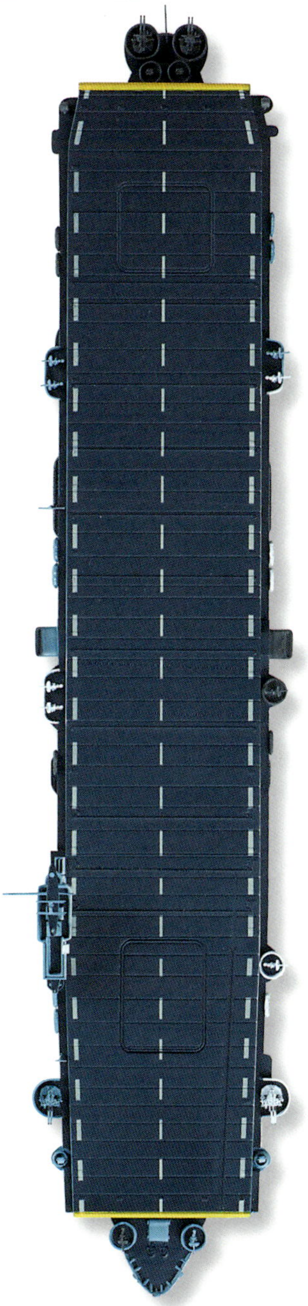

「ロングアイランド」から飛行甲板は長さ、幅とも拡張された。前部に格納庫が設置されたこともありエレベーターも2基となっている。

「アタッカー」(「バーンズ」)（1944年）

イギリス海軍航空母艦 アタッカー
タミヤ1/700インクジェットプラスチックキット
製作／遠藤貴浩

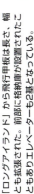

109 サンガモン級

ボーグ級は1942年度計画で20隻、1943年度計画で24隻の大量建造が決まったが当初は1942年度も24隻の建造が求められていた。しかしC-3型貨物船船体の不足から4隻は建造中のシマロン級給油艦の船体を利用して建造することとなった。

シマロン級給油艦は1938年から1945年にかけて建造された艦隊随伴用給油艦で35隻が建造されている。タンカーとしては18ノットと高速だったことが改装母体として選ばれる要因となった。

シマロン級をベースとした護衛空母、サンガモン級の設計は同時期に建造されたボーグ級に準じたものだったが、船体がボーグ級よりも大きかったため飛行甲板の全長は153m幅25.9mと一回り広いものとなった（ボーグ級は全長133.3m、幅24.4m）。格納庫自体はボーグ級よりやや狭かったが飛行甲板の広さを活用して露天係止が可能で搭載機数はほぼ同数だった。

機関はボーグ級と同じく蒸気タービンを採用しているが2軸推進となっている。最大の特徴は給油艦時代の船体をそのままにしたことによる重油搭載量の多さで、これにより随伴艦への燃料を補給することも可能だった。

飛行甲板が広かったためC-3型貨物船ベースの改装護衛空母よりも有力な護衛空母として評価されており、ボーグ級が戦争後半、練習空母や航空機運搬艦任務へと格下げとなったのちも護衛空母として運用され続けていた。ただしベースとなったシマロン級給油艦は給油艦としての需要が大きかったためサンガモン級の建造は4隻にとどまっている。

搭載機も他の護衛空母がおもにF4FワイルドキャットのF改良型FM-2を搭載していたのに対してサンガモン級は正規空母と同じF6Fヘルキャットを搭載していた。

サンガモン級4隻は1942年度中に完成し、すぐに地中海へと派遣され北アフリカ反攻作戦（トーチ作戦）に参加、上陸作戦支援任務についた。その後は太平洋戦線へと回航されて対日反攻作戦に参加した。当初は「サラトガ」や「エンタープライズ」とともに艦隊空母として編成に加えられたが、速力が遅かったために結局、対潜任務や上陸作戦支援任務など護衛空母本来の任務についた。

前線で運用されることの多かったサンガモン級空母はしばしば特攻機の標的となった。「スワニー」と「サンティー」はレイテ沖海戦で、「サンガモン」は沖縄戦で損傷している。「スワニー」は1944年10月25日と26日に立て続けに3機の特攻を受け大破し3ヶ月間戦列を離れた。「サンティー」も同じく1944年10月25日に1機に特攻されている。もっとも大きな損害を受けたのは「サンガモン」で沖縄戦の最中、1945年5月4日に特攻機の攻撃を受けて大破炎上、沈没は免れたものの終戦まで修理は完了せずそのまま退役している。サンガモン級4隻のうち特攻機の攻撃を受けずほぼ無傷のまま終戦を迎えることができたのは「シェナンゴー」1隻だけだった。

サンガモン級護衛空母のベースとなったシマロン級給油艦。給油艦はその船体形状から普通は低速だが、本級は艦隊随伴用として18ノットで航行することが可能だった。

「ネオショー」
アメリカ海軍給油艦 ネオショー AO-23
ウェーブライン1/700レジンキャストキット
製作／遠藤貴浩

▲Ms.1_制定当時、すでにダズルパターンの迷彩の研究に余念がなかった。限定した艦に幾つかの試験塗装を施し迷彩効果を確認していた。「サンテイー」の改装完成時に導入したのが “Ms.17” で、画像は幾分明るめになっているが “Ms.32” 相当する中間的なパターンである。これらのデータを元に、1944年2月にはサンガモン級4隻は同時期に “Ms.3_” 番代へ塗り替えられている。塗色はネイビーブルー(5-N) 、オーシャングレー(5-0) 、ヘイズグー(5-H)の3色が使われた。くさび形を多用した動きのあるパターンで “Ms.33/10A” や “Ms.32/11A” のベースになったことは間違いあるまい。

1944年10月25日、栗田艦隊が護衛空母群TG77.4 タフィ 3を捉えた（サマール島沖海戦）。サンガモン級が所属するタフィ 1は直接の砲撃は受けなかったが日本艦隊を攻撃するために艦上機部隊を準備していた。そこに最初の神風攻撃隊の突入が開始される。「スワニー」は僚艦の「サンガモン」「ペトロフベイ」に対する突入機を対空砲火で阻止したが、その直後に特攻機が1機突入し損傷した。ほぼ同じ時刻に「サンティー」も損傷している

要目

基準排水量	11,400トン
全長	168.7m
水線長	160.0m
水線幅	22.9m
喫水	9.8m
飛行甲板	153.0x 25.9m
エレベーター	10.4x 12.8m 2基
主缶	B&W 4基
主機・軸数	GT 2軸
出力	13,500shp
速力	18kt
航続力	15kt/23,900nm
搭載機	30機
兵装	12.7cm/38単装 2門
	40mm4連装機銃 2基
	20mm単装機銃 21基
乗員数	1,080
同型艦	サンガモン（CVE-26）
	スワニー（CVE-27）
	シェナンゴー（CVE-28）
	サンティー（CVE-29）

サンガモン級の「スワニー」。吃水線から飛行甲板の高さは12.8mでボーグ級よりも3m低い。そのため格納庫もやや小さくなった。側面に空いた開口部は給油艦時代の洋上給油用機材の搭載予定位置だった。荒天時にはここから波が吹き上げられ乗員が負傷する事故が多発したためのちに閉鎖されている。

飛行甲板はボーグ級よりも全長、全幅とも拡大されておりかなり広い。後部エレベーターの位置がボーグ級よりもかなり前寄りなのは給油艦時代の機関が船体後部にあるため。格納庫は後部エレベーターの当たりまでしかなくその後ろには機械室、缶室、煙路などがあった。

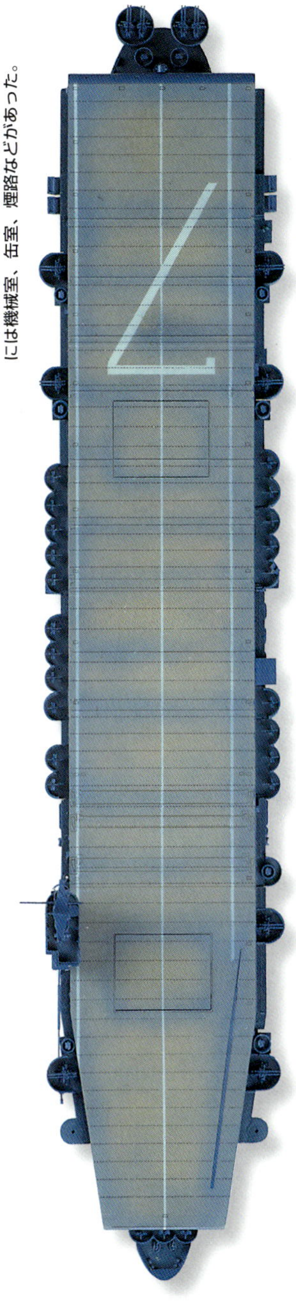

「スワニー」（1944年）
アメリカ海軍航空母艦 スワニー CVE-27
安芸製作所1/700レジンキャストキットキット
製作／市野昭彦

110 カサブランカ級

太平洋戦争が始まって間もない1942年初頭にカイザー造船所の社長ヘンリー・カイザーは新規の護衛空母建造計画を海軍に提案した。当初海軍はこれに興味を示さなかったが、この提案内容を知ったルーズヴェルト大統領はこの計画を後押しした。結局海軍はこれを採用することとし、1942年6月、カイザー造船所に50隻が一括発注された。船体はP-1型高速商船をベースとしたものの、既存の船体の流用ではなく新規に設計されたものを採用した。そのため本級は“商船改装”護衛空母ではない。

設計にあたってはボーグ級、サンガモン級を参考にしているが量産を容易にするために必要最小限まで簡素化されている。満載排水量はボーグ級よりも5000トン近く小さかったが（ボーグ級は満載排水量15,400トン、カサブランカ級は10,902トン）、飛行甲板面積は全長144.5mとボーグ級の133.1mと比較して11m以上長くなっている（幅はボーグ級、カサブランカ級とも24.4mで同じ）。ただし海面からの高さはサンガモン級と同じく12.8mでボーグ級よりも3m低い。そのため荒天時の作戦能力はやや低くなっていた。

エレベーターやカタパルトの性能はボーグ級、サンガモン級と同規模のものが搭載されており、対空火器やレーダーなどもほぼ前級に準じた。

大きく異なったのは機関構成でボーグ級、サンガモン級が蒸気タービンを搭載していたのに対してカサブランカ級では蒸気タービンの生産が間に合わなかったため量産の容易なレシプロ機関を搭載していた。機関出力はボーグ級の8,000馬力から500馬力アップしただけだったが排水量が小さい分、高速発揮には有利で公試では20ノット近くの速力を発揮している。これはカタパルトを使えば無風状態でも艦上機を発艦させることが可能な速力だった。

ただこのレシプロ機関は効率が悪く整備に手間がかかったため乗組員には不評で、次のコメンスメントベイ級では再び蒸気タービン機関へと戻されている。

搭載機はボーグ級とほぼ同じで約30機、FM-2ワイルドキャット艦上戦闘機とTBF/TBMアヴェンジャー艦上雷撃機を搭載していた。

1番艦「カサブランカ」は1943年7月8日に就役。建造期間は約9ヶ月。その1年後の1944年7月8日に50番艦である「ムンダ」が就役し建造を終えた。起工からわずか9ヶ月で完成した1番艦の建造スピードにも驚かされるが、後期建造艦になるとさらに建造ペースがあがり最終艦はわずか4ヶ月で完成させている。

建造されたカサブランカ級50隻はイギリスへは貸与されず全艦アメリカ海軍籍で戦った。上陸作戦支援や対潜哨戒、航空機運搬など多様な任務につき正規空母の負担を減らした。最前線でエセックス級空母が活動を続けることができたのは本級が航空機運搬などを一手に引き受けたからとも言える。

カサブランカ級護衛空母の戦いでもっとも有名なのはレイテ沖海戦の終盤、サマール島沖海戦だ。カサブランカ級6隻からなる護衛空母部隊、タフィ3は戦艦、重巡を主体とする栗田艦隊の襲撃を受けた。この戦いはカサブランカ級の「ガンビアベイ」が沈没するなど苦戦した印象が強いが、一方でカサブランカ級空母などから発艦した艦上機が日本海軍の重巡3隻（「鳥海」「鈴谷」「筑摩」）を撃沈している。戦略的に栗田艦隊の突入を阻止したという点での評価は高いが、戦術的にも優勢な日本艦隊に対して痛撃を浴びせていたのだ。簡素で防御力の低い護衛空母だったがしぶとく粘り強く太平洋戦争を戦い抜いた。

要目

基準排水量	7,800トン
全長	156.2m
水線長	149.4m
水線幅	19.9m
喫水	6.9m
飛行甲板	144.5mx24.4m
エレベーター	12.8mx13.0m 2基
主缶	B&W 4基
主機・軸数	RP 2軸
出力	9,000shp
速力	19kt
航続力	15kt/10,200nm
搭載機	28機
兵装	12.7cm/38単装 1門 40mm連装機銃 8基 20mm単装機銃 20基
乗員数	860
同型艦	カサブランカ（CVE-55） リスカムベイ（CVE-56） アンツィオ（CVE-57） コレヒドール（CVE-58） ミッションベイ（CVE-59） ガタルカナル（CVE-60） マニラベイ（CVE-61） ナトマベイ（CVE-62） サンルー（CVE-63） トリポリ（CVE-64） ウエーキアイランド（CVE-65） ホワイトプレーンズ（CVE-66） ソロモン（CVE-67） カリニンベイ（CVE-68） カサーンベイ（CVE-69） ファンショウベイ（CVE-70） キトカンベイ（CVE-71） ツラギ（CVE-72） ガンビアベイ（CVE-73） ネヘンタベイ（CVE-74） ホガット（CVE-75） カダシャンベイ（CVE-76） マーカスアイランド（CVE-77） サボアイランド（CVE-78） オマニーベイ（CVE-79） ペトロフベイ（CVE-80） ルディードベイ（CVE-81） サギノーベイ（CVE-82） サージェントベイ（CVE-83） シャムロックベイ（CVE-84） シップレイベイ（CVE-85） シトコーベイ（CVE-86） スティーマーベイ（CVE-87） ケープエスペランス（CVE-88） タカニスベイ（CVE-89） テチスベイ（CVE-90） マッカサルストレイト（CVE-91） ウインダムベイ（CVE-92） マキンアイランド（CVE-93） ルンガポイント（CVE-94） ビスマルクシー（CVE-95） サラモア（CVE-96） ホランディア（CVE-97） クゥエジェリン（CVE-98） アドミラリティアイランド（CVE-99） ブーゲンビル（CVE-100） マタニク（CVE-101） アッツ（CVE-102） ロイ（CVE-103） ムンダ（CVE-104）

◀カイザー造船所で量産されるカサブランカ級護衛空母。カイザー造船所はこれまで空母の建造を手がけたことはなかったが提案承認から短時間で建造体制を整え大量生産にこぎつけた。手前が1番艦「カサブランカ」でその隣にも同型艦が並ぶ。「カサブランカ」は当初「アミール」の名前で発注されたがすぐに「アラゾンベイ」へと改名、さらに進水直前の1944年4月3日に「カサブランカ」へと再改名された。

▶「カサブランカ」級護衛空母16番艦「ファンショーベイ」。1944年1月17日、航空機を甲板に満載した輸送任務中の姿をとらえた一葉。飛行甲板には陸軍機であるA-20攻撃機やP-38戦闘機、P-47戦闘機などが見える。本艦が旗艦を務める第77任務部隊第4群第3集団（タフィ3）は1944年10月、サマール島沖で栗田艦隊と戦った。

「サギノーベイ」（1944年）

アメリカ海軍航空母艦 サギノーベイ CVE-82
フルスクラッチビルド1/700
製作／遠藤貴浩

基本的なレイアウトはボーグ級に準ずるが本級は量産を容易にするため船体サイズを一回り小さくしている。ただこれまでの改装空母と異なり最初から空母専用船体として設計されたためよりレイアウトは合理的なものとなり性能的にはむしろボーグ級よりも優れていた。

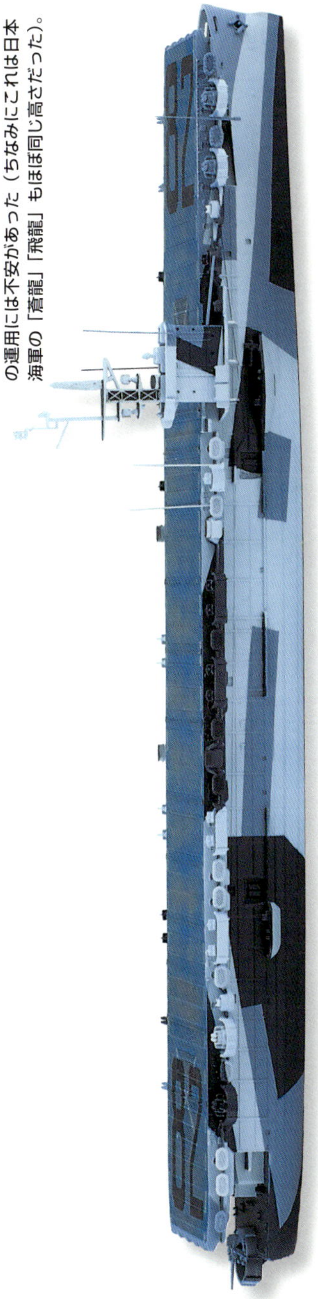

水面からの高さはボーグ級よりも低く12.8m。これはサンガモン級と同じだ。このため荒天時の運用には不安があった（ちなみにこれは日本海軍の「蒼龍」「飛龍」もほぼ同じ高さだった）。

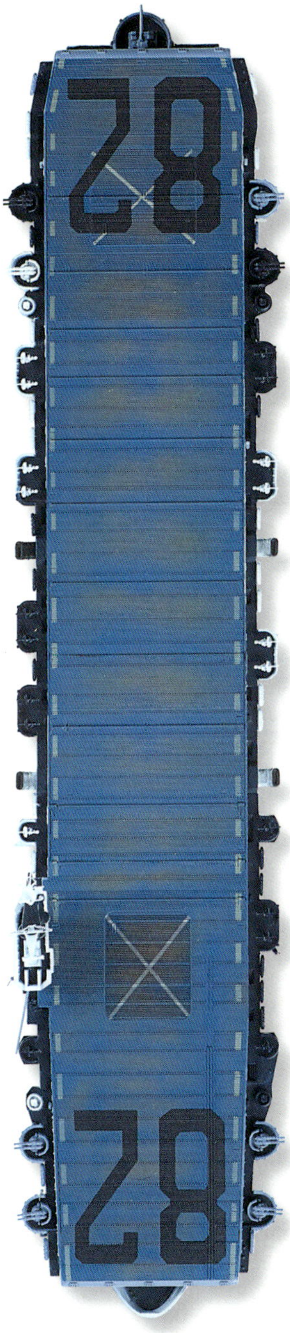

飛行甲板はボーグ級よりも11m長くなった。真上から見ると前後とも延長されているのがよくわかる。エレベーターやカタパルトはボーグ級と同じものが搭載された。

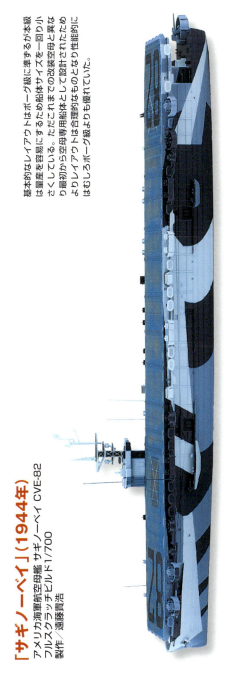

111 その他の空母

■コメンスメントベイ級

戦前のアメリカ海軍での護衛空母の評価は高いものではなかったが、イギリス海軍の要請により貨物船改装のボーグ級を建造してみると非常に使い勝手のよい艦種であることがわかり、自国用にその改良型であるカサブランカ級50隻を建造した。同様に給油艦改装のサンガモン級のほうも後継空母を建造することとした。サンガモン級はシマロン級給油艦の船体をベースにした護衛空母で完成度の高い艦だったが肝心のシマロン級の船体が不足したため4隻の建造で終わっていた。そこで既存の船体を利用するのではなくカサブランカ級のような完全新設計の空母として建造されたのがコメンスメントベイ級である。

本級は基本的にサンガモン級の改良型であり給油艦の船体をベースとしている。サンガモン級では船体をシマロン級のものをそのまま転用したため他艦への給油が可能だったがコメンスメントベイ級はバラストとして水を搭載したため重油搭載量は減り給油能力はサンガモン級に劣るものとなった。

飛行甲板は、全長はサンガモン級とほぼ同じだったが幅はサンガモン級の25.9mから1.5m狭い24.4mとなっている。格納庫は前級よりもやや広いものとなったが飛行甲板面積が小さくなり露天係止できる機数が減ったため、搭載機数はサンガモン級と同じだった。

空母としての艤装で重要なのは将来の大型機に向けて強化されたことにある。たとえば甲板強度やエレベーターはより重い飛行機に対応できるものが搭載された。またカタパルトもこれまでの1基から2基へと増やされるとともに、うち1基はより強力な大型カタパルトに変更された。この大型カタパルトの追加は艦上機の発艦間隔を早めるとともに、将来開発される大型機の運用を可能とした。コメンスメントベイ級以外の護衛空母は戦後、ヘリコプター母艦などとして運用され艦上機を搭載する空母として使われることはなかったが、コメンスメントベイ級はF4Uコルセアなどを搭載し、朝鮮戦争にも参加している。

機関はサンガモン級が艦尾に缶室と機械室を集中させていたのに対して、コメンスメントベイ級では缶室と機械室の組み合わせを船体中央部、船体後部に分けて搭載し抗堪性を増した。機関はサンガモン級に比べて5,500馬力強化されたため速力も向上している。

コメンスメントベイ級の建造は1942年10月、1944年度予算で建造されることが決まった。第1弾として1943年1月に15隻が発注され、続いて1944年1月に10隻、その後さらに10隻追加された。結局35隻の同型艦が発注されたわけだが第二次大戦が終結したこともあり最初の15隻に加えて追加の5隻のみ建造が進められ、残りの15隻はキャンセルされた。

コメンスメントベイ級はほとんどが戦争に間に合わなかったが運用上見逃せない使われ方をしている。アメリカ海兵隊はアメリカ海軍とは別の組織として存在しているが、上陸作戦支援のために独自の航空隊も所有していた。アメリカ海兵隊航空隊は占領した陸上基地に展開するかアメリカ海軍の空母に間借りする形で使用されていたが、自前の空母を持ち上陸支援任務に使用したいと要求していた。これに応える形でコメンスメントベイ級空母のうち数隻が海兵隊専用空母として運用された。これは現在に続く強襲揚陸艦の先駆けともいうべきものだった。

コメンスメントベイ級は第二次大戦ではほとんど使われなかったが、飛行甲板強度やエレベーター、大型カタパルトなど将来の大型艦上機を見据えた設計が功を奏し、のちの朝鮮戦争などでも使用されている。

要目

基準排水量	11,373トン
全長	169.9m
水線長	160.0m
水線幅	22.9/32.1m
喫水	9.8m
飛行甲板	152.7mx 24.4m
エレベーター	
主缶	
主機・軸数	2軸
出力	16,000shp（17,800shp）
速力	19kt（20.2kt）
航続力	15kt/8,320nm
搭載機	33機
兵装	12.7cm/38単装 2門 40mm4連装機銃 3基 40mm連装機銃 12基 20mm単装機銃 20基
乗員数	1,066
同型艦	コメンスメントベイ（CVE-105） ブロックアイランド（CVE-106） ギルバートアイランズ（CVE-107） クラガルフ（CVE-108） ケープグロスター（CVE-109） サレルノベイ（CVE-110） ヴェラガルフ（CVE-111） シボニー（CVE-112） ピュージェットサウンド（CVE-113） バイロコ（CVE-115） バドエンストレイト（CVE-116） セイダー（CVE-117） シシリー（CVE-118） ポイントクルーズ（CVE-119）* ミンドロ（CVE-120）* ラバウル（CVE-121）* パラオ（CVE-122）* テニアン（CVE-123）**

*戦後完成
**戦後完成、就役せず

■サイパン級

戦争に間に合わなかった第二次大戦型空母としてもうひとつ、サイパン級も簡単に紹介しておこう。アメリカ海軍における軽空母の系譜は1943年にインデペンデンス級軽空母が9隻就役したことでいったん途絶えた。しかしコメンスメントベイ級の設計を終えたのち、将来の大型機の運用を見越した軽空母の設計が開始された。コメンスメントベイ級はこれまでの護衛空母に対して飛行甲板強度やエレベーター、カタパルトを強化していた。この強化した航空艤装を軽空母に取り入れたのがサイパン級となる。インデペンデンス級は建造中のクリーブランド級軽巡洋艦の船体を利用して建造されたが、サイパン級はより大型のボルチモア級重巡洋艦の船体をベースとしている。ただしサイパン級は既存の船体をそのまま利用するのではなく新規設計のものとした。インデペンデンス級ではクリーブランド級軽巡洋艦の船体をそのまま使ったために魚雷庫を危険な後部格納庫付近に設置せざるを得なかったが、サイパン級では新設計船体としたため魚雷庫は船体下部の部分に移動させている。船体サイズ、飛行甲板、格納庫ともにインデペンデンス級よりも一回り大きく作られており、搭載機数も増え、軽空母として優秀な設計だとみなされていた。ただ建造開始が遅かったこともあり太平洋戦争には間に合わず2隻の建造のみで終わった。

112 ウルヴァリン

日本海軍の真珠湾攻撃により第二次大戦に参加することとなったアメリカ海軍だったが急速に拡大する空母建造計画に対応するパイロットの育成は急務だった。すでに就役済みの空母は前線に投入されており陸上の飛行場では発着艦訓練はできない。そこでアメリカ海軍は1942年、五大湖で運行していた外輪客船を訓練用航空母艦へと改装することとした。湖専用の客船が選ばれたのは当時猛威を振るっていたドイツ海軍のUボートの攻撃を受けないことと波浪がなく未熟なパイロットでも危険が少ないことなどの理由がある。この客船改装の訓練空母は2隻あり「シー・アンド・ビュー」は「ウルヴァリン」、「グレーター・バッファロー」は「セーブル」と名付けられた。

外洋での運用を考慮しないため乾舷の低い客船の船体にオーバーハングした形で巨大な飛行甲板が設置された。外洋ならば波に叩かれて確実に破損するようなデザインである。格納庫はなく対空火器もない。機関も外輪船時代のものをそのまま使っており速力は18ノットだった。とても空母とは呼べないような低性能な艦だったが必要十分な存在で17,820名のパイロットを養成している。

要目

常備排水量	7,200トン
全長	150.0m
水線幅	30.0m
喫水	4.7m
飛行甲板	170.2mx25.8m
主缶	
主機・軸数	レシプロ外輪
出力	8000shp
速力	16kt
航続力	不明
搭載機	なし
兵装	なし
乗員数	270
同型艦	セーブル（略同型艦）

真横から見ると乾舷の低さやオーバーハングした飛行甲板の大きさがよくわかる。艦橋後部に見える舷側の構造物が外輪を収めるケースである。

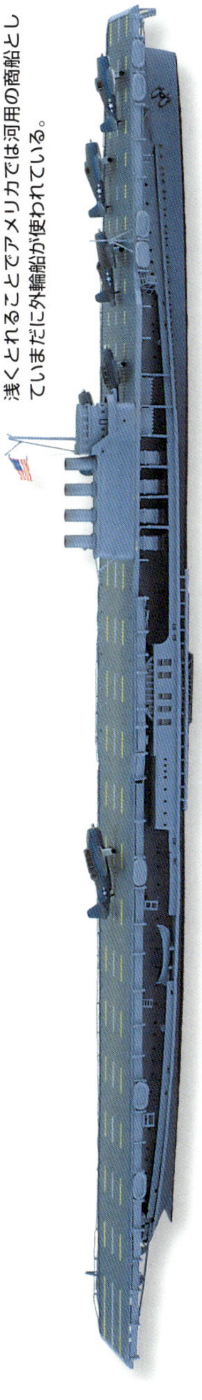

外輪船は初期の蒸気船に取り入れられたスタイルだが推進効率がスクリュー船に劣ったためすぐにスクリュー船に取って代わられた。五大湖の客船が外輪を採用した理由は何よりも喫水が浅くとれることでアメリカでは河用の商船としていまだに外輪船が使われている。

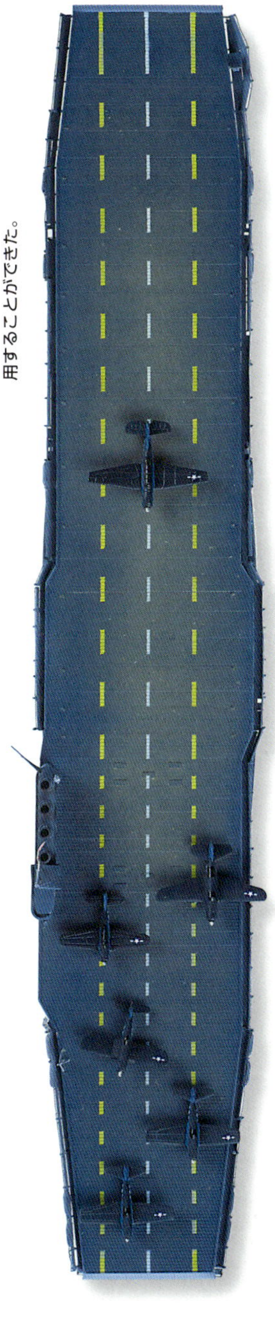

「ウルヴァリン」の飛行甲板は長さ170.2m、幅25.8mで護衛空母などよりもずっと広い。飛行甲板は木製だったが着艦制動装置や着艦した機体への補給用の航空機燃料庫なども設けられていた。甲板強度は5.5トンまでの機体に対応しているため大戦後期の艦上機の訓練にも使用することができた。

「ウルヴァリン」（1944年）
アメリカ海軍訓練空母 ウルヴァリン IX-64
ブルーリッジモデル1/700レジンキャストキットキット
製作／村田博章

2. 日米空母デザインの変遷

201 最初期の日米空母

「ラングレー」新造時（1922年）
アメリカ海軍航空母艦 ラングレーCV-1
ルースキャノン1/700レジンキャストキット
製作／遠藤貴浩

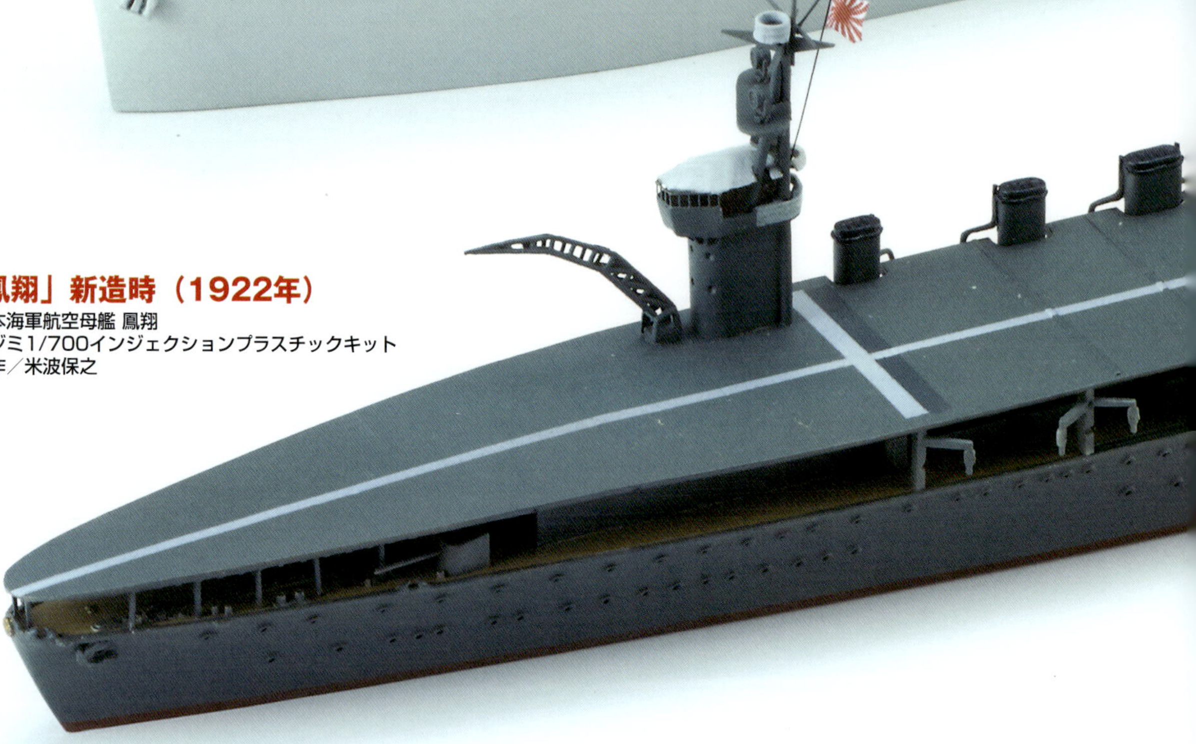

「鳳翔」新造時（1922年）
日本海軍航空母艦 鳳翔
フジミ1/700インジェクションプラスチックキット
製作／米波保之

八六艦隊時代の5,500トン級軽巡の船体ラインを踏襲した長船首楼船体に密閉式格納庫を設置した上に一部傾斜のある飛行甲板が張られた。航空機関連の艤装としては艦橋の前に大型のクレーンを設置し水上機の揚収に用いた。また艦尾には搭載機積み込み用のシャッターが設けられている。当初設置された艦橋は操艦や航空管制には都合が良いが、船体の小さな同艦では発着艦時の障害物としてのデメリットが大きく、クレーンと共に早々に撤去され、代替として前部格納庫の前面に航海艦橋が、両舷へオーバーハングさせる形で置かれ、飛行甲板より一段低いレベルに防空指揮所及び発着艦指揮所を設置した。

既存の給炭艦を改造した空母であるため、初期の護衛空母に似たスタイルの「ラングレー」。給炭艦時代の構造物をほぼ残した上にシンプルな形状の飛行甲板を載せただけの構造である。トラスガーダー構造に乗せた飛行甲板にはホギング対策としてエキスパンションジョイントが5箇所設けられた。特徴的な装備として、艦橋構造物後方の側面にある櫛状の構造物が目につくが。これは飛行甲板上にせり出す構造になっており、側方遮風柵となる。また、艦橋構造物後方には前方遮風柵も設置された。（↘）

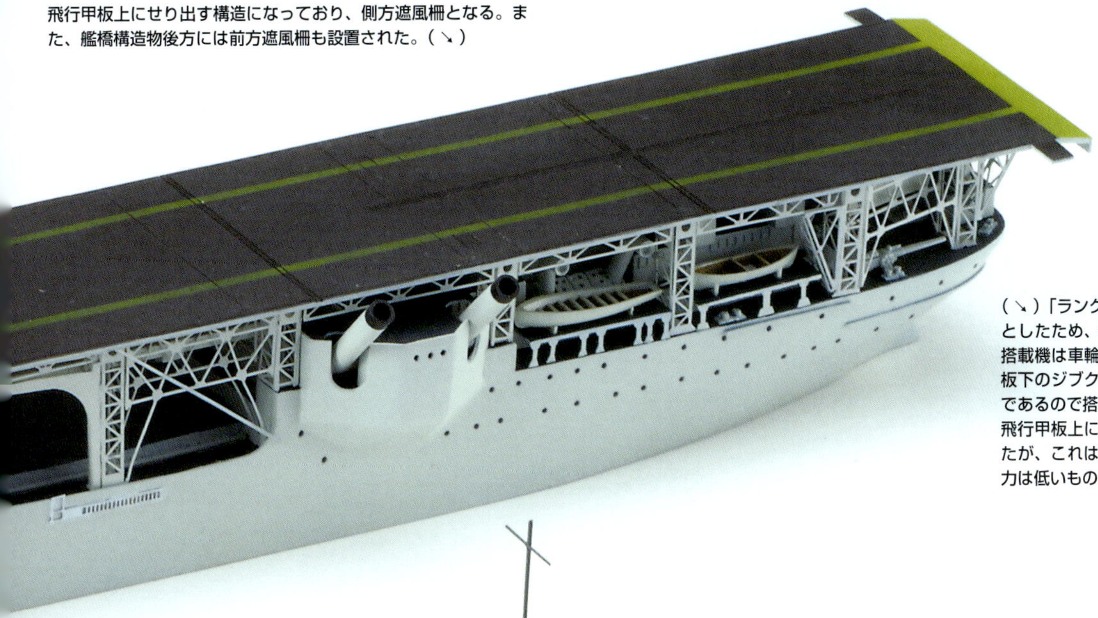

（↘）「ラングレー」は石炭庫をそのまま残し格納所としたため、格納庫甲板は設置していない。従って搭載機は車輪で動かすことがことが出来ず、飛行甲板下のジブクレーンに吊して移動した。元々開放式であるので搭載機を「格納」するという発想はない。飛行甲板上には当初からカタパルトが設置されていたが、これは基本的に水上機の発艦用であり射出能力は低いものであった。

航空母艦の歴史はイギリス海軍の水上機母艦から始まった。艦隊の前路哨戒や偵察に活用するために水上機専用の母艦として商船などを改装して運用した。車輪つき航空機を本格運用する航空母艦としての発想もイギリス海軍がパイオニアである。本格的な航空母艦の祖であるイギリス海軍の「アーガス」に遅れること4年、アメリカ海軍も給炭艦を改装した「ラングレー」を就役させた。当初は専用の航空母艦として新造予定であったが、艦隊航空の整備を急ぐため既存艦を改装することとなった。構造は至ってシンプルで、給炭設備を撤去した上、石炭庫を搭載機の格納庫として用いるほか、航海艦橋もそのまま残しその上に被さる高さにトラス状の柱に支えられたフラットな飛行甲板を設置しただけのものである。エレベーターも貨物用リフトを流用したものが1基設置された。煙路を含む艦の後半部は給炭艦時代のレイアウトを踏襲しており格納庫としてのスペースはない。

同年就役した日本海軍の「鳳翔」は“世界初の空母として最初から設計された艦”と言う記録を持っているものの、全通甲板の空母としては4年の後れを取っている。設計に当たりイギリスの「イーグル」「ハーミズ」の情報を元に艦橋を設置したが、艦が過小なため艦上機の運用には障害になることが発覚し、翌年撤去された。飛行甲板は発艦のため、艦首側に傾斜が付けられ外観も艦首甲板にそった形状になっている。これは初期の日英空母に共通する特長だ。

「ラングレー」の格納庫は搭載機の車輪で移動することができない。移動させるには飛行甲板下のクレーンを使用する必要があった。一方の「鳳翔」には各々エレベーターが設置された密閉式の格納庫が2箇所あり、すでに脆弱で高価な飛行機をしまうという発想を垣間見ることができる。

煙突については両艦とも飛行甲板上の気流に対する排煙の影響を考慮して起倒式煙突を採用した。「ラングレー」では当初採用した後方起倒式は実績が芳しくなくすぐに側方起倒式2本煙突に改修された。

兵装については航空機の脅威が認識されてない時代なので、対空機銃は未装備であるが「鳳翔」は高角砲を2基飛行甲板に隠顕式で装備している。当時は巡洋艦との水上戦闘を考慮しており両艦とも5インチの平射砲を装備した。

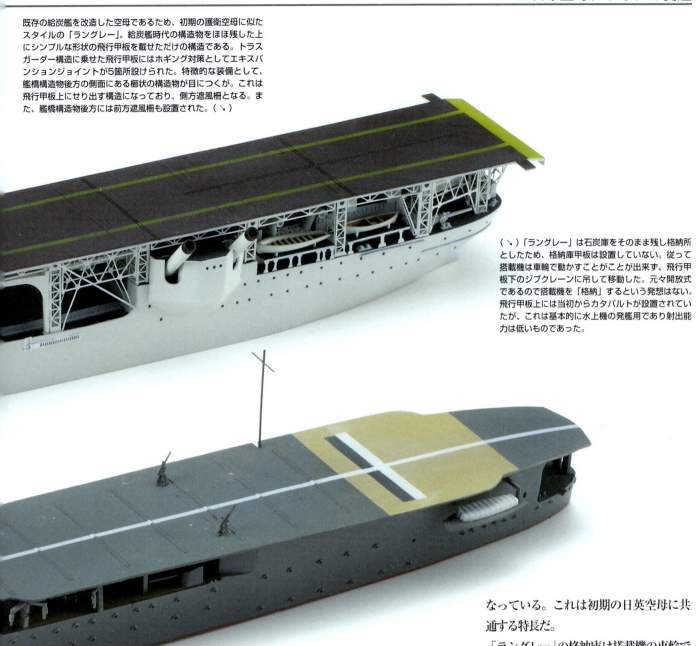

202 軍縮条約時代の大型改装空母

「サラトガ」（1927年）

アメリカ海軍航空母艦 サラトガCV-3
ピットロード1/700インジェクションプラスチックキット
製作／遠藤貴浩

レキシントン級は竣工当時世界最大の軍艦として知られているが、航空母艦史でもごく初期に建造された艦にも拘わらず非常に整ったスタイルで近代的なレイアウトとなっている。とは言え、外観とは裏腹に実験的な要素や不具合も多く逐次改修していくことになる。まず第1に挙げるのが巨大な煙突を筆頭に重量物が高所にあること。装備が許された8インチ（20.3㎝）砲を艦橋・煙突の前後に配置したことも重心面では不利であった。機関関連の配置は水雷防御上は優れていたが煙路の取り回しに難があり艦内容積を圧迫したた。また、諸艤装の艦内配置などが格納庫の容積を圧迫することに繋がり全長の半分程度しか確保出来なかった。（↗）

「赤城」（1941年）

日本海軍航空母艦 赤城
フジミ1/700インジェクション
プラスチックキット
製作／川島秀敏

天城型空母（「赤城」）は原設計では平甲板型でなおかつ最上甲板が傾斜していたため、艦全体がいびつな感じに見える。もともと三段式飛行甲板で上段の格納庫は開放式だったものを外壁を追加する形で覆ったため格納庫の形状は非常に複雑な形状をしている。2段の格納庫面積そのものはアメリカ空母に比べて広かったがこの変則的な形状のため搭載機数は意外に少なかった（「赤城」「加賀」の格納庫は3段だったが最下層の格納庫は面積が小さいため補用機用とされている）。

ワシントン軍縮条約の特例措置として空母建造枠を獲得した日米海軍は、「鳳翔」「ラングレー」の実績を加味した大型空母の改造設計に着手した。両国ともこれまでにない大型の空母建造となるため、設計には相当な苦労があった。ベースとなる巡洋戦艦の建造進捗は両級とも同程度だったようなのでスタートラインはほぼ同じと見て良いだろう。

レキシントン級の船体は巡洋戦艦時代の舷側をそのまま飛行甲板まで延ばした形状で非常に整った艦型となっている。艦首波浪への配慮からイギリスで積極的に使われたエンクローズドバウを採用したこともスマートな印象に貢献している。艦中央部の舷側に配置されたボートデッキは効率よく艦載艇を出し入れ出来るメリットはあるが、格納庫の換気には不向きだった。天城型（「赤城」）も同様ではあるが、両舷側に大きなスペースを取られることで格納庫が手狭となってしまった。高角砲の配置については5インチ単装砲を3基ずつ4群に分けてバランス良く配置したところは日英米3国の中でも抜き出た発想だろう。

天城型はベースとなった巡洋戦艦時代の上甲板に複雑な形状の箱を何段も積み上げた構造になっている。竣工時、ひな壇のような多段式の甲板を重ねた空母であったので前半部には後付と分かる歪な構造物が目に付く。元々上段格納庫は開放式であったものを後に閉鎖したため面積も狭く不具合も多かった。後半部は下段格納庫設置の兼ね合いか、強度上の構造と思われるかまぼこ状の中段格納庫が特徴的であり目を引く部分である。艦載艇の配置では小型のカッター及び通船の類を除き、おおむね艦尾甲板上にボートデッキを設けて集中配置している。上げ下ろしは直上飛行甲板下面に設置したジブクレーンにより舷外へ移動して行なう。ボートデッキの前方奥には搭載機積み込

（↗）飛行甲板は船体からほとんどオーバーハングしておらず外形もストレートなもので、中央部では艦橋・煙突が面積を取っているので意外と幅が狭い。当初は巨大な煙突の後流が着艦に悪影響を与えることが懸念されたが実際に使用してみるとあまり影響がないことがわかった。以後の空母設計では一定の幅を確保する前提で大型のアイランドが設置されている。
艦橋は航海艦橋や主砲射撃指揮所等の三脚楼を備えた他、司令塔も設置された大型のものとなっている。
飛行甲板と一体となった船体のボリュームは大きく見えるが、飛行甲板の高さはアメリカ空母の中でも意外と低い部類に入る。改装ごとに排水量は増加していった結果、竣工時見えていた吃水線付近の舷側装甲帯が水面下になってしまう程乾舷は減少していった。
発着艦関連の装備では、当初制動索は縦索式で制動力は乏しく逐次横索式に換装した。あわせて逆着艦用として艦首側にも設置された。
艦橋・煙突を始め武装の配置もバランスが良く艦の容姿はとても美しい

竣工時は艦橋構造物を飛行甲板上に持たなかったが、改装後の「加賀」では右舷前方に小振りなものが、「赤城」では左舷中央に一層高いものが設置された。
20cm主砲は竣工時は中段飛行甲板両舷に連装を１基ずつ装備して、艦尾中甲板レベルにケースメイト式の単装を片舷３基装備した。元々そこには6基分のスペースが確保されていたが、「赤城」は改装の際に連装砲塔を撤去したのみで増備されなかった。「加賀」は改装の際、撤去した連装分を艦尾ケースメイトに移設している。
航空艤装では制動索は両艦とも当初は縦索式であったが順次横索式に換装した。エレベーターは2基あったが、全通甲板に改装した際に補用機の格納庫を増設して搭載機が1.5倍となり、「赤城」では中央部に「加賀」では前方に各1基増設した。
飛行甲板は三段の格納庫を設けたため海面から高い位置に設置された。これはもともと巡洋戦艦、戦艦として設計されていたからこそ可能だったのあろう。

み用シャッターがあり飛行甲板支柱に設けられたデリックで積み込みを行なう。高角砲は多段式空母時代を踏襲したため、幾分後ろ寄りに固まって配置されている。「天城」の代替えとして改造された「加賀」に於いては近代化改装を大規模に行なったため、「赤城」に比較してバランスの良い装備位置に変更された。

レキシントン級の飛行甲板の形状は艦首に合わせるように先細りに狭くなっている。面積は狭くなるが艦首側の飛行甲板は波浪の影響を受けるためこの形状となった。「レンジャー」以後採用された逆着艦用の設備はこの時点では未採用である。「レキシントン」は1936年の改装で、「サラトガ」は1942年損傷修理の際に艦首飛行甲板を拡幅した。「赤城」「加賀」については全通甲板への改装時に、艦首側は拡張されたが飛行甲板が海面から高い位置にあり、支柱で支える必要があるため大きな面積は確保出来ていない。「赤城」の飛行甲板は前後に緩やかな傾斜が付いている。これは発艦促進と着艦制動効果を狙った黎明期独特な考え方で航空艤装が未発達な証である。

飛行甲板上の装備では、レキシントン級が艦首にカタパルトを装備し、それに繋がる移動用の軌条が目を引く。このカタパルトは機構上の問題と使用頻度が低いため、後年撤去された。「加賀」でも近代化改装の際に艦首に2基のカタパルトの設置準備工事を施したが、実用化に至っていない。

艦橋は各種指揮所を兼ね備えた大型で三脚楼を持つレキシントン級に対し、近代化改装で設置した「赤城」「加賀」は小振りで操艦と航空指揮などに限定したサイズとなっている。

煙突は効率の低いボイラーと大出力機関のため大型なものが設置された。レキシントン級の巨大な煙突は横風の影響や燃料消費に伴う傾斜問題があった。「赤城」は竣工時2本だった煙突を1本にまとめたものの右舷に置いたがこれは大型であるためカウンターウェイトを兼ねて艦橋を左舷側とした。改装後の「加賀」は高効率ボイラーへの換装を行なったため煙突は小振りのものに落ち着いた。

203 排水量制限に対する日米の模索

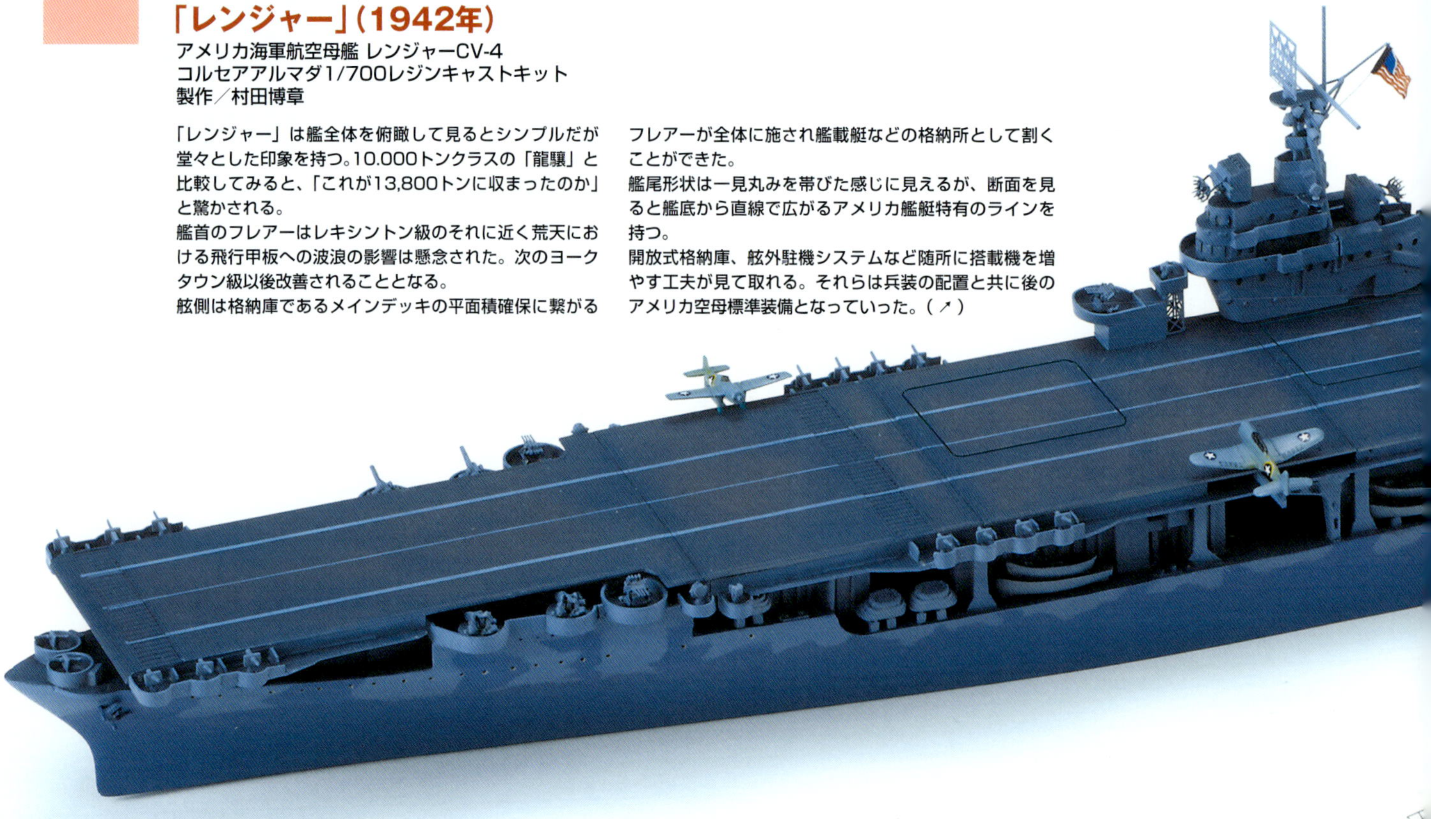

「レンジャー」（1942年）

アメリカ海軍航空母艦 レンジャーCV-4
コルセアアルマダ1/700レジンキャストキット
製作／村田博章

「レンジャー」は艦全体を俯瞰して見るとシンプルだが堂々とした印象を持つ。10.000トンクラスの「龍驤」と比較してみると、「これが13,800トンに収まったのか」と驚かされる。
艦首のフレアーはレキシントン級のそれに近く荒天における飛行甲板への波浪の影響は懸念された。次のヨークタウン級以後改善されることとなる。
舷側は格納庫であるメインデッキの平面積確保に繋がるフレアーが全体に施され艦載艇などの格納所として割くことができた。
艦尾形状は一見丸みを帯びた感じに見えるが、断面を見ると艦底から直線で広がるアメリカ艦艇特有のラインを持つ。
開放式格納庫、舷外駐機システムなど随所に搭載機を増やす工夫が見て取れる。それらは兵装の配置と共に後のアメリカ空母標準装備となっていった。（↗）

ワシントン軍縮条約の締結後、レキシントン級の保有が決定したアメリカ海軍では、残りの排水量枠69,000トンをどう使うかの検討がすぐさま開始された。様々なサイズの案が検討された結果、13,800トン型5隻の計画が策定された。海軍航空側の要求と艦隊側の要求を双方呑む形で設計が進められ、レキシントン級の経験から開放式一層の格納庫を持つ細長い船型となった。13,800トンと言う排水量制限の中、防御力は限定的なものとせざるを得ず、速力も艦隊型空母としては充分とは言えなかったが、艦隊側の要求した性能からは僅かな低下に過ぎず了承された。これが「レンジャー」となる。

船体形状は比較的長い船首楼型で、凌波性を確保した上で艦首のエンクローズド化は実施されなかった。断面形では吃水線から上に向かってフレアーを付けメインデッキの幅を確保して艦載艇などの格納スペースを捻出している。格納庫は強度甲板であるメインデッキのうち船首楼直後から後部エレベーターまでの間を開放式で確保した。舷側の開口部はロールカーテンを設置してあり波浪による海水の侵入を抑えることもできた。

「レンジャー」は当初はレキシントン級と同じターボ電気推進を予定していたが軽量で艦内スペースを節約できる蒸気タービンへと変更されている。両舷に3本ずつ配置された起倒式煙突はレキシントン級の経験から煙路の取り回しで艦内容積が圧迫されるのを避けるため、ボイラーを後方に配置して煙路の短縮を図り後方に配置された。煙突を直立させたときは跳ね上げ式になった飛行甲板に食い込むが、倒した場合は飛行甲板は広く使えるようになっている。艦橋は、当初平甲板型だったがレキシントン級の経験から射撃指揮と航空指揮などに限定した艦橋を右舷中央へ発着艦に支障が出ないよう舷側一杯に寄せて設置した。航海艦橋は計画通り艦首飛行甲板下に設置された。

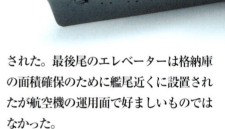

飛行甲板はレキシントン級と異なり逆着艦を可能とするため、長方形で直線的なものとなった。エレベーターは3基設置された。最後尾のエレベーターは格納庫の面積確保のために艦尾近くに設置されたが航空機の運用面で好ましいものではなかった。

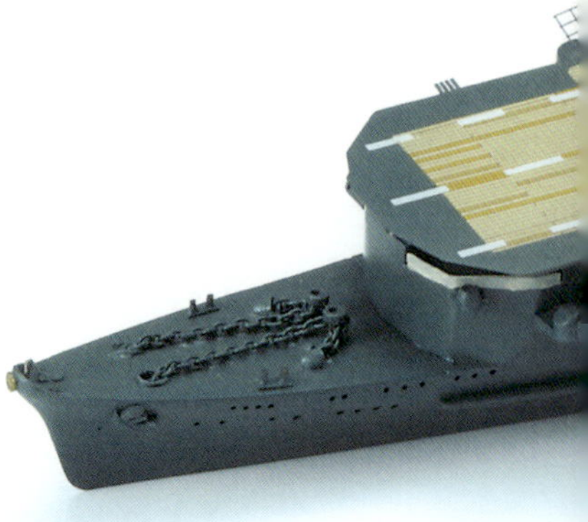

カタパルトは予算の関係で設置が見送ら、数少ない未装備艦となった。

搭載機増大の策として本艦から採用した簡易駐機ブームがある。これは飛行甲板の縁から鋼材が飛び出す形に設置され、そこに尾輪を載せた艦上機を舷外に駐機させるもので、英米では標準的な装備となっている。

「レンジャー」は防御や速力を犠牲にして、とにかく搭載機数を増やす工夫を重ねた結果、13,800トンという排水量で大型

（↗）煙突の配置はいささか旧式な印象は拭えないが、当時のボイラー、機関技術と艦内容積確保のせめぎ合いが感じられる部分で、方式、配置ともによく考えられてはいる。速力を犠牲にしたことで可能となったレイアウトでもある。高角砲などの対空兵装は船体の周囲にグループごとにまとめて均等に配置され、バランスの良い防空体制が取られていることがわかる。1942年後半はこの状態でアフリカ作戦に従事している。
その後1943年には28mm4連機銃をボフォース40mm機関砲への換装、20mm機銃の増強を経て、1944年5月の改装で飛行甲板の延長、全高角砲と指揮装置の撤去、電測兵装の更新など大がかりな工事が実際された。しかしこの改装でも防御力増強は行なわれず、増大した排水量の影響で速力が低下したのを受け、第一線から退くことになった。

「龍驤」（1941年）
日本海軍航空母艦 龍驤
フジミ1/700インジェクションプラスチックキット
製作／細田勝久

「龍驤」は10,000トンと言う制限の中で、補助空母ではなく艦隊作戦空母としての能力を持たせようとした欲張りな艦である。当時日本海軍では個艦優勢の方針から各艦種でこのような無理な設計が行なわれていた。その先鋒が水雷艇「友鶴」であり駆逐艦「初春」であった。「龍驤」も例外ではなく、小さく乾舷の低い船体に巨大な格納庫を載せたいかにも不安定なデザインとなった。さらに新式の12.7cm連装高角砲6基を高所に搭載してその印象に拍車をかけている。バルジを追加した船体にジャイロを装備して安定を図ったものの決して充分ではなかった。
基本船体に目を向けると、乾舷が低く曲線的な船体であり古鷹型、妙高型重巡洋艦を思い浮かべさせられる。この部分は格納庫を載せた状態では分かりづらくなっているが進水直後の写真でハッキリ分かる。「レンジャー」とは異なる重量低減策がお国柄を表しているようだ。甲板平面が傾斜することによる不便さは想像がつくが、防御なしというアメリカ式との比較は難しい。
このアンバランスな形状は友鶴事件を受け、対空兵装の減載などの重心降下の改装を行なったものの、低い艦首による波浪の影響は深刻で艦橋前面を損傷する事態となり、錨鎖甲板を一層嵩上げする再度の工事を余儀なくされた。
この工事で艦として一定の性能は確保できたものの、船体サイズが小さいという問題の根本的な解決はできず新型艦上機運用には不適格で、小型艦隊型空母という当初の構想から補助的な軽空母への格下げは致し方ないところであろう。

のレキシントン級並の航空作戦力を持つ空母となった点は特筆すべきことである。しかし一方で防御力、速力での妥協は本艦を使いにくいものとしていた。

日本海軍の「龍驤」はワシントン条約の制限外空母（10,000トン以内）として計画したものである。起工後締結されたロンドン条約で排水量制限対象となったため、設計変更の上、過剰な航空作戦能力を付与した結果、完成後艦としての欠陥が露呈してしまった。

排水量を抑制するために採用した低いシルエットの船体をさらに絞る目的で取り入れたのが、いわゆる平賀ラインと呼ばれる段階的に甲板レベルを下げていく手法である。その薄い船体に上が開いた2段の格納庫を載せて如何にも不安定な艦型になってしまった。さらに対空兵装は大型の「赤城」と同じレベルのものを高所に搭載し重心上昇は免れないものとなった。その状態でバルジの装着と艦内にジャイロを設置して安定を図ったがこれは充分ではなかった。煙突も重心上昇を危惧して最上甲板付近から斜め後方やや上向きに設置したが、海水の浸入などに苦しみ飛行甲板直下から斜め下後方向きに変更した。友鶴事件後の性能改善工事では初搭載の12.7cm高角砲6基を4基に減載などして復原性改善に努めた。その後艦首への波浪の影響を緩和する目的で、錨鎖甲板の一層嵩上げ、艦橋の縮小と前面に後退角を設けるなどの措置を取ってようやく運用可能な空母として認められた。

204 軍縮条約制限下における中型空母

「ヨークタウン」(1942年)

アメリカ海軍航空母艦 ヨークタウンCV-5
トムスモデルワークス1/700レジンキャストキット
製作／遠藤貴浩

「レンジャー」に続く新型空母は20,000トンの枠を得たことで艦隊側及び航空側の要求も水雷防御を除けばおおむね取り入れることができた。船体を見ると「レンジャー」のそれと酷似した外観であるが艦自体のボリュームはよりマッシブな印象を受ける。船体全体にフレアーが設けられメインデッキは充分な幅が確保された。艦首は格納庫の面積確保のため船首楼を短縮し、波浪対策として錨鎖甲板を広く取って大きなフレアーを設けた。格納庫は前後部の高角砲座間としエレベーターを最前部と最後部及アイランド脇に設置した。「レンジャー」の実績を元に有効な配置を模索した結果の配置である。
飛行甲板は逆方向からの着艦を考慮した長方形のもので、前半部にも着艦制動索を多数配置してそれに備えている。本級で初搭載の艦上機用カタパルトが艦首に2基と、艦上機の露天繋止が多い対策として格納庫内にも横向きで1基設置されたが、これらは能力不足から可動実績は限られ「ホーネット」では装備を見送っている。飛行甲板外周は機銃甲板と同レベルのキャットウォークで結ばれギャラリーデッキや飛行甲板との往来は容易である。(↗)

「蒼龍」(1942年)

日本海軍航空母艦 蒼龍
青島文化教材社1/700インジェクションプラスチックキット
製作／細田勝久

アメリカ海軍はワシントン軍縮条約の空母保有枠でレンジャー級を5隻建造することを予定していたが、すでに設計の段階で排水量の超過や性能が不充分であることが指摘されていた。そこで「レンジャー」1隻のみを試作艦として建造し、残りの4隻の建造は白紙に戻された。この時点で残された54,000トンの保有枠の中で次期新型空母の研究をはじめた。この新型空母への主な要求は、巡洋艦程度の速力、巡洋艦以上の防御力、水平装甲の付加、航空作戦設備の充実であった。加えて格納庫面積の拡大とエレベーター配置見直しによる搭載機の増大が盛り込まれた。提案された15,200トンから27,000トンまでの設計案の中から性能バランスの良い20,000トン型が本命となった。設計に至る過程で防御力、航空艤装の見直しを経てヨークタウン級2隻の建造が決定した。ワシントン条約の保有枠では2隻までしか建造できなかったが、第2次ロンドン条約の追加条項により制限枠が拡大されたため、後に3隻目の「ホーネット」が追加された。

船体は格納庫甲板を強度甲板とした船首楼型で、翔鶴型とほぼ同等のサイズを有している。飛行甲板はやはり翔鶴型に匹敵する有効面積を持ち平面形は「レンジャー」同様ほぼ長方形とされた。ただ、中央部は大型のアイランドが占有することで、有効幅を確保するため左舷側を幾らか膨らませている。飛行甲板の高さはレキシントン級の航空機運用と実績と復原性確保を考慮して「レンジャー」よりやや低くした。

格納庫は「レンジャー」と同様開放式を採用した。格納庫面積は日英のライバル空母と比べて広いものではなかったが、格納庫の天井部分のガーダーから吊るすように固定したり、飛行甲板への露天繋止によって要求された搭載機数は確保された。

エレベーターは「レンジャー」同様3基設置されたが航空機運用に対して配置に

（↗）ヨークタウン級では右舷中央に大型のアイランドを設置したため、飛行甲板は左舷側中央を膨らませてある。
武装配置では高角砲及び各種機銃がバランス良く配置され、以後の新型空母にもこのレイアウトは継承されている。
艦橋は煙突と一体の大型アイランド構造を初めて搭載した。煙突からの排煙が飛行甲板上の気流に対して与える影響は限定的なものであるとの判断からである。アイランド自体は煙路が大半を占めており艦橋設備のスペースは大きいものではなかった。ただ、大型だったため射撃指揮装置や電測兵装のプラットホームとしては充分であった。
防御については排水量制限もあり充分とは言えず特に水雷防御は脆弱であった。水平防御も500ポンド（227kg）爆弾の急降下爆撃に耐えうる構造ではあるが強度甲板のみで防ぐものではなく、各層の合計で支えるものだった。

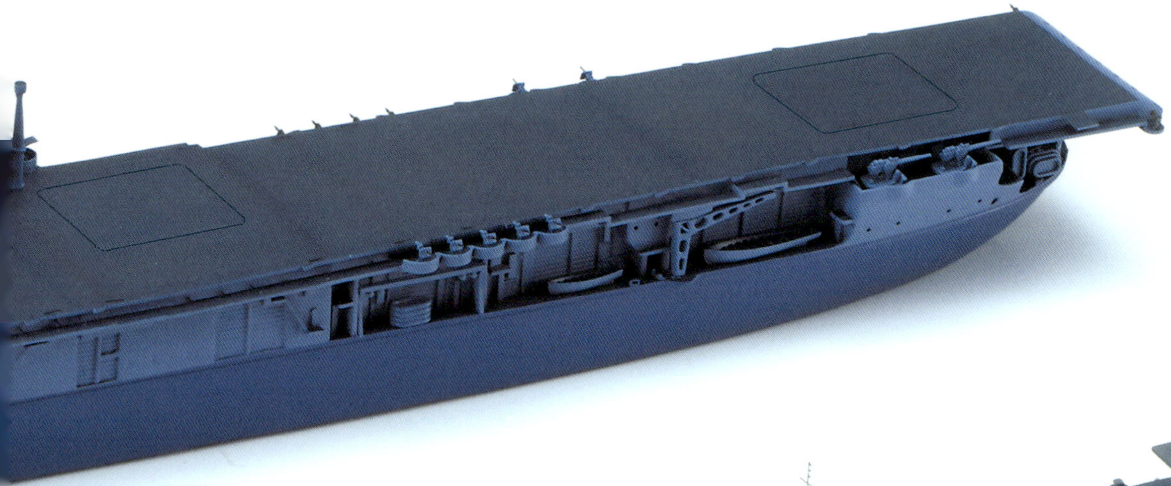

同世代の空母としてヨークタウン級と比較される「蒼龍」「飛龍」であるが、サイズ的な違いから簡単には優劣を付けがたい。
飛行甲板は使い勝手の良いレイアウトになっている。「蒼龍」では「加賀」と同様にカタパルト装備の準備工事が施されていたが実用化に至らず未装備のまま失われた。
格納庫は2段だが左右に諸室が配置されているので艦上機1機分の幅しかない。竣工時の搭載機数は常用57機+補用16機だったが新型艦上機へ更新後は露天繋止を余儀なくされた。
「蒼龍」では錨鎖甲板が低く波浪の影響を受けるためのちに建造された「飛龍」では一層高められた。
高角砲はバランスの良い配置がなされ、反対舷射撃を考慮して高所に装備している。
煙突は「赤城」以来、採用されている湾曲下向きのものが右舷中央に設置された。なお煙突後部の兵装には防煙シールドが装着されている。
艦橋は最小限のものが右舷前方に設置され重量面でのデメリットはなかったが、拡張性はほとんどなかった。

工夫がなされている。

上部構造物は艦橋と煙突が一体化した大型のものが右舷側に設置された。固定式の煙突からの排煙による気流の影響は限定的との実験結果から採用されたものだが、この大型アイランドは重量バランスに悪影響があり、軽荷状態での傾斜が運用上問題になる。この影響は1943年の改装でバルジを装着して一応の解決を見たが重量増加には対処し切れていない。

航空艤装では本級から艦上機用カタパルトが艦首に2基、格納庫に1基搭載された。ただ、能力不足で大戦前半はほとんど使用していない。

対空兵装は高角砲として新式の5インチ（12.7cm）38口径単装砲が採用された。近接防御としては28mm4連機銃と12.7mm機銃がバランス良く配置された。

防御では巡洋艦との戦闘を考慮して6インチ弾防御を施し、水平防御は500ポンド爆弾の急降下爆撃に耐えうるものとされた。水雷防御は排水量制限により充分ではなかったため魚雷により2隻喪失している。

同時期のライバルについては日本海軍の中型空母「蒼龍」「飛龍」が挙げられるが、基本設計は一回り小型の15,000トンクラスとなっており単純な比較は難しい。共に制限排水量の中で艦上機の搭載力や防御力を天秤にかけながら理想的な空母に仕上げている。上構を小さく纏めたため傾斜問題は起きなかったが、動揺性の悪さは深刻で荒天時の航空作戦は困難を極めた。両艦が所属する第2航空戦隊のパイロットの技量が高かかったのはこの着艦の難しい空母に配属されたためとも伝えられる。

205 理想の空母を求めて

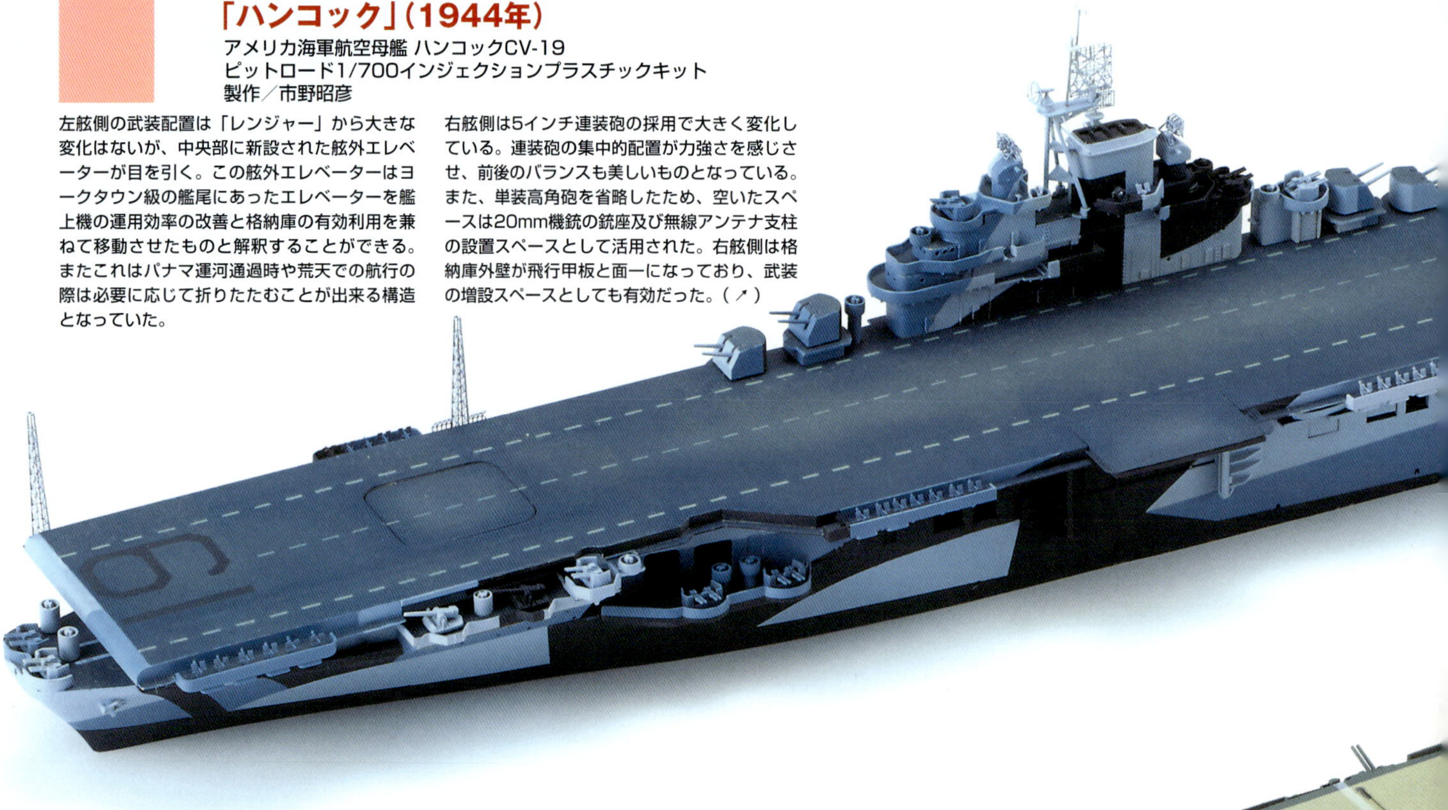

「ハンコック」(1944年)

アメリカ海軍航空母艦 ハンコックCV-19
ピットロード1/700インジェクションプラスチックキット
製作／市野昭彦

左舷側の武装配置は「レンジャー」から大きな変化はないが、中央部に新設された舷外エレベーターが目を引く。この舷外エレベーターはヨークタウン級の艦尾にあったエレベーターを艦上機の運用効率の改善と格納庫の有効利用を兼ねて移動させたものと解釈することができる。またこれはパナマ運河通過時や荒天での航行の際は必要に応じて折りたたむことが出来る構造となっていた。

右舷側は5インチ連装砲の採用で大きく変化している。連装砲の集中的配置が力強さを感じさせ、前後のバランスも美しいものとなっている。また、単装高角砲を省略したため、空いたスペースは20mm機銃の銃座及び無線アンテナ支柱の設置スペースとして活用された。右舷側は格納庫外壁が飛行甲板と面一になっており、武装の増設スペースとしても有効だった。(↗)

「大鳳」(1944年)

日本海軍航空母艦 大鳳
フジミ1/700インクジェットプラスチックキット
製作／米波保之

装甲空母として建造された「大鳳」だが、翔鶴型をベースにしているので航空作戦能力に関しては大きな進歩はない。むしろ装甲甲板採用の代償として搭載機は減少している。また、エレベーターが2基に減ったことも運用上好ましくなく、防御力強化のために重くなったエレベーター自体の欠点も実戦で露呈してしまう。なお本艦の装甲甲板は飛行甲板全体を覆うものではなく前後のエレベーターの中央部分のみしか設置されていなかった。これは飛行甲板すべてを装甲化すると重くなりすぎるためで発着艦に必要最小限な面積として中央部のみ防御することとした。
対空兵装は新式の高角砲を除くと標準的なもので、機銃の数以外は変化はない。ただ、艦前半部に機銃の配置されておらず防空上心許ない。
本格的に採用された煙突一体型の艦橋は傾斜煙突を採用するなど先見性は見て取れる。ただ、アメリカ空母に比べればスペースの有効活用は不徹底だ。
艦首のエンクローズド化は洗練されて良いのだが、飛行甲板は全体的に有効幅をもう少し大きく取れなかっただろうか。「エセックス級」と比べて見劣りするところである。

ワシントン条約の空母保有枠はヨークタウン級2隻の建造が決定した時点で残り14,500トンとなった。枠内で建造出来る空母は必然的に「レンジャー」クラスの艦となってしまう。そこで「レンジャー」の運用実績とヨークタウン級建造計画を精査して枠内で保有できる有効な空母として計画されたのが「ワスプ」である。建造の経緯からもヨークタウン級の縮小型という位置づけであったが、ボリュームのある艦首、大型構造物に対するカウンターウェイトを盛り込んだ非対称船体など条約明けの新型空母の試験的要素も併せ持つ設計だった。中でも特筆すべきなのは艦型過小の産物とは言え格納庫の有効面積確保のため、簡易型の舷側エレベーター1基を舷外配置としたことだ。機関配置は機械室－缶室－機械室の変速シフト配置を採用し抗堪性は向上した。

「ワスプ」の実績を元に計画が進められたのがスタークプランの中核たるエセックス級である。軍縮条約失効により排水量の制限がなくなることを前提に設計が進められ理想的な空母となった。航空機の運搬、運用に特化した船体形状と飛行甲板配置、防御力と機動性を兼ね備えたサイズと構造を持っている。

エセックス級の船体形状は断面を見る限りタンカーを思わせるフラットな船底が目立つ。これは動揺を押さえる手段として有効で、現代の空母に通じる形状である。中央部の舷側はほぼ垂直であり、メインデッキがおおむねこの幅で全長の8割程度確保されている。艦首尾はこのメインデッキに向かって直線的なフレアーで繋がっており実質的には垂直部分はほとんどない。この合理的な作りこそ正にアメリカ的である。

艦首はヨークタウン級と同程度の船首楼を形成しており、波浪対策として広い錨鎖甲板に向かって繋がるフレアーが付けられている。後期艦では艦首装備のボフォース機銃の射界確保と凌波性向上の

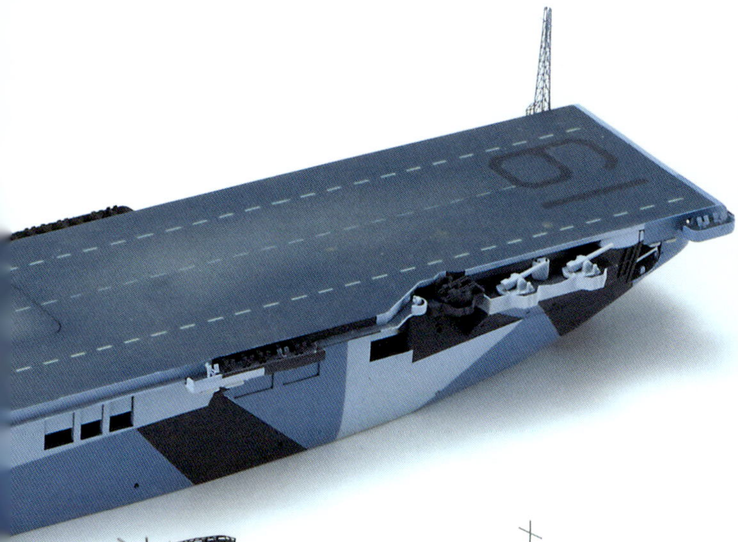

（↗）艦首の40㎜機関砲は飛行甲板が被さって射界が確保できないため、「タイコンデロガ」以降の後期艦では艦首をクリッパー型の延長して2基装備とした。結果として凌波性も向上した。

艦尾の40㎜機関砲は左舷側にオフセットして1基装備であったが、「レキシントンⅡ」以後ブリスターを設置して後方にせり出して射界を確保しつつ2基装備とした。前期艦も順次、整備の際に改修している。

アイランドはヨークタウン級のそれとほぼ同サイズだが、新式のボイラーによって煙突が細くなったため内部スペースは大きくなった。40㎜機関砲、射撃指揮装置、各種電測兵装のプラットホームとして充分な広さがあり、羅針艦橋や航空作戦施設など必要なスペースも確保出来ている。

飛行甲板は90機程度の搭載機を展開出来るスペースが確保されている。アイランドが設置された飛行甲板中央部は左舷側に大きな張り出しが設けられ全体の有効幅を確保している。艦首側のカタパルトは当初右舷側のみであったが、格納庫内のカタパルトの廃止された際に両舷装備に改修されている。後期建造艦は最初から格納庫カタパルトがない状態で建造されており代わりに飛行甲板のカタパルトも2基となっている。

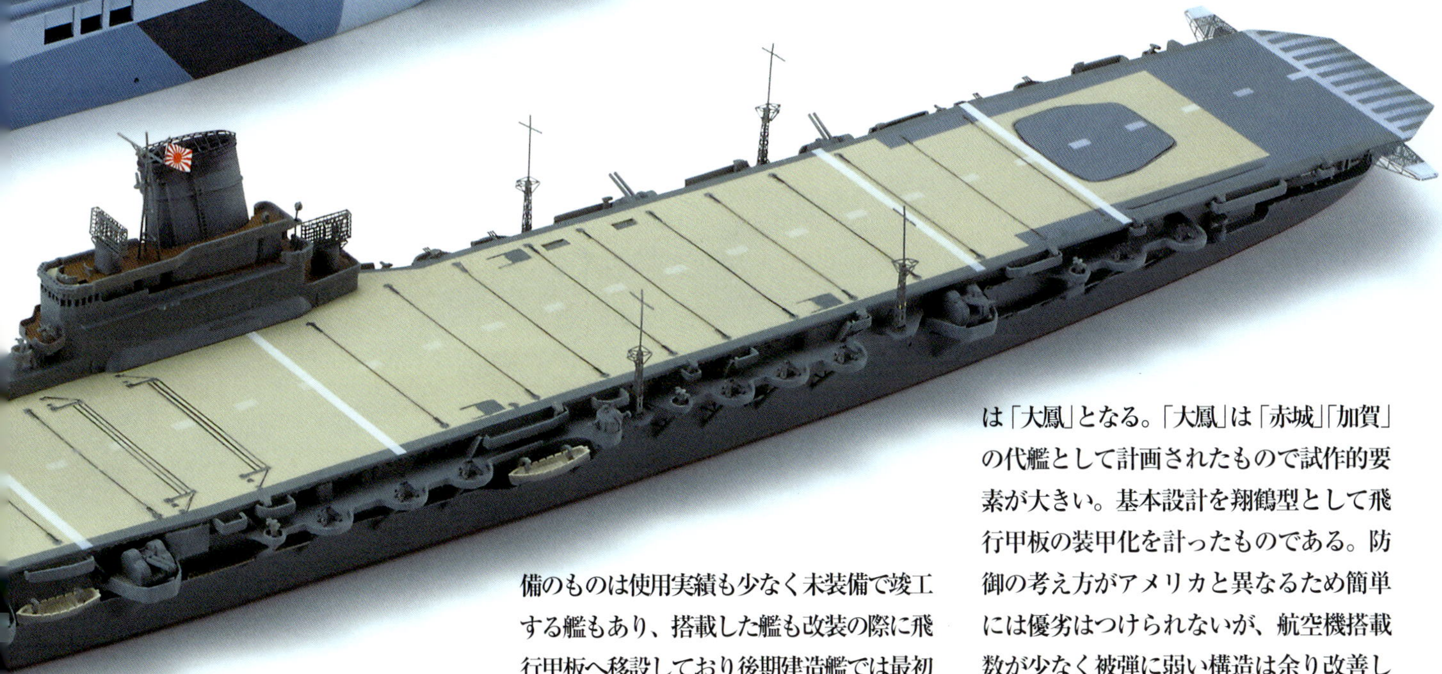

ため、艦首をクリッパー型に改めた。艦尾もメインデッキの幅のまま丸く造形して面積を確保している。

飛行甲板は搭載する5個飛行隊の全てを展開出来るスペースを要求されたため、艦自体のサイズと共に広大なものとなった。艦中央部では大型アイランドによる有効幅の確保と共にカウンターウェイトも兼ね左舷側に船体から大きくオーバーハングする形で拡張されている。そこには「ワスプ」で採用されたものよりも本格的な舷側エレベーターが設置され格納庫の有効活用と航空機運用の円滑化に貢献している。他のエレベーターはヨークタウン級の実績も踏まえ運用上好ましくない最後部のものを廃して舷側に移した形となった。

カタパルトは高性能な新型のものが艦首に1基と格納庫に1基装備された。これにより全飛行隊を展開した時など滑走距離のない状態でも発艦が可能となった。格納庫装備のものは使用実績も少なく未装備で竣工する艦もあり、搭載した艦も改装の際に飛行甲板へ移設しており後期建造艦では最初から飛行甲板に2基装備とされた。

兵装では初搭載の5インチ連装両用砲をアイランド前後に配置した。この配置は「レンジャー」の28mm4連機銃から採用され、完全に全周をカバー出来ることから「ワスプ」でも検討されていたが、重量の面から見送られていた。「サラトガ」の改装の際は主砲の置き換えとは言うものの同様の配置となっている。なお、5インチ連装砲を装備したため右舷側の5インチ単装砲は省略され20mm機銃のスペースとして活用された。

対空兵装では新造時よりボフォース40mm4連機銃も採用された。当初10基程度の装備から最大18基まで増備された艦もある。20mm機銃は50から60基ほど装備され全周くまなくカバーしている。

このエセックス級と翔鶴型をライバルとする向きがあるが、艦のスケール的には翔鶴型はヨークタウン級と同規模であり、エセックス級に相当する日本空母のは「大鳳」となる。「大鳳」は「赤城」「加賀」の代艦として計画されたもので試作的要素が大きい。基本設計を翔鶴型として飛行甲板の装甲化を計ったものである。防御の考え方がアメリカと異なるため簡単には優劣はつけられないが、航空機搭載数が少なく被弾に弱い構造は余り改善していない。艦首は飛行甲板が一層低いため波浪の影響を考慮して日本の空母で唯一のエンクローズドバウを採用し異彩を放っている。

隼鷹型でテストされ本格的に採用されたアイランドの煙突を外舷に傾けるアイデアは着艦時の気流の影響を小さくできるもので、アメリカ式よりも先んじた技術である。この方式は後年アメリカ最後の通常動力空母「ジョン・F・ケネディ」にも採用された。

隼鷹型で問題になった傾斜問題は飛行甲板自体を左舷側へオフセットすることで解決している。

兵装関連では新式の10cm連装高角砲を除き変化はないが、高角砲が6基に減ったことはいささか心許ない。

本艦以後の日本の新造空母は搭載機数確保と機体の大型化の影響でエレベーターを2基にせざるを得ず、格納庫構造も含めアメリカに劣るところである。

206 正規空母を補完する改装軽空母

「インデペンデンス」(1944年)

アメリカ海軍航空母艦 インデペンデンスCVL-22
ドラゴン1/700インジェクションプラスチックキット
製作／有賀あやめ

インデペンデンス級はクリーブランド級軽巡洋艦の細長い船体に格納庫と飛行甲板を乗せたもので護衛空母に準じた改造を施した空母である。すでに軽巡洋艦として起工済みの5隻と未起工の4隻、合計9隻が建造された。
インディペンデンス級の整備の時期は空母戦力の増強が急務であり、クリーブランド級軽巡洋艦の建造用の資材が不足していた時期とも重なる。このような状況下で短期間に建造が進み全艦1943年中に竣工している。1944年中盤以降、全艦がエセックス級正規空母とともに高速機動部隊に配備され終戦まで第一線に留まり続けた。
性能的には高速機動部隊に随伴可能な速力を備えていることは評価出来るが、小型であること、防御力が低いという欠点もあった。また、対空兵装の増強が出来ない余力の無さも問題とされた。

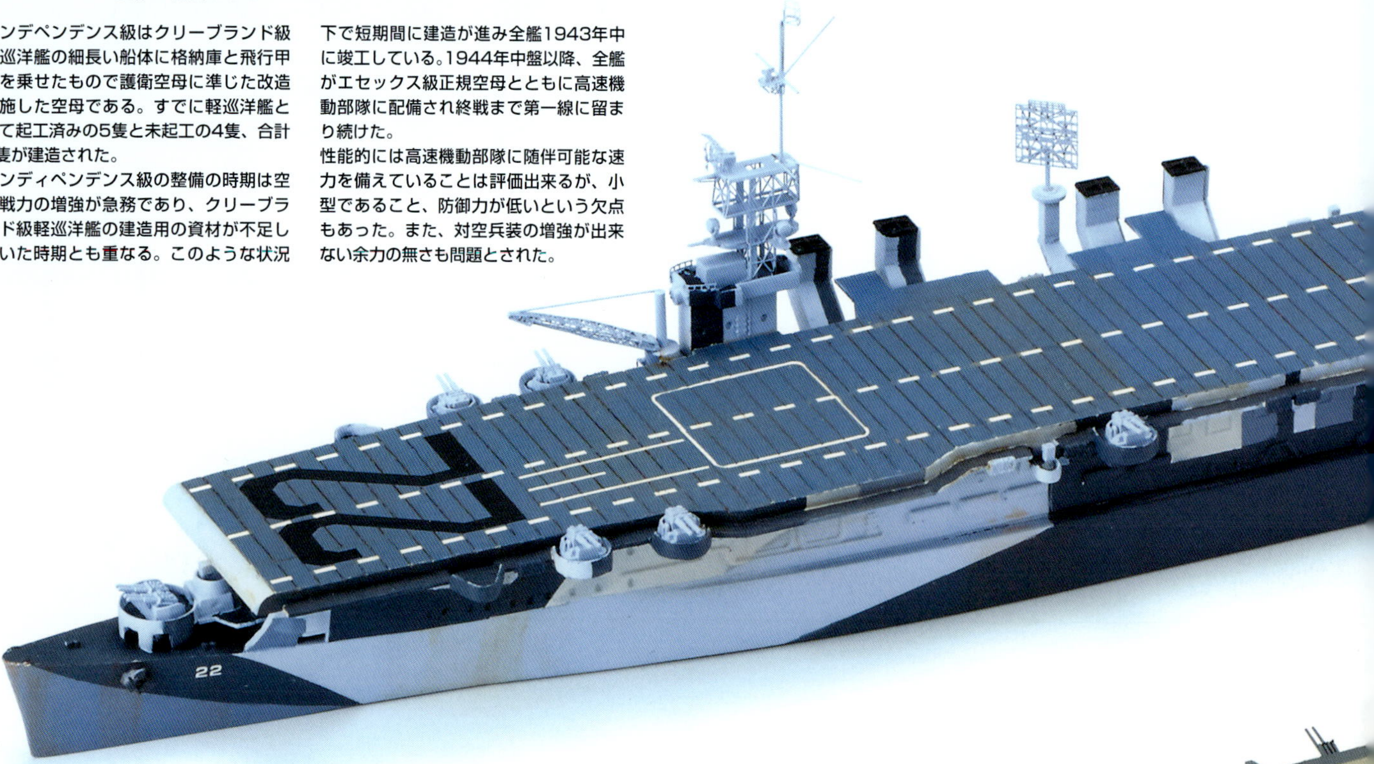

「龍鳳」(1944年)

日本海軍航空母艦 龍鳳
ピットロード1/700インクジェットプラスチックキット
製作／山崎 匡

開戦直後から空母不足の問題を抱えていたアメリカ海軍は空母に改造できる艦艇の調達を急いでいた。そこで多数建造中のクリーブランド級軽巡洋艦のうち、起工済みの船体、まだ未起工のもの、合わせて9隻分の船体、材料が確保された。軽巡洋艦と言っても10,000トン級の船体であり有力な航空戦力としてなるものと考えられた。設計は就役中のサンガモン級護衛空母と同等の航空艤装を施すとし早急に進められた。改造の要領は護衛空母を参考として、開放式一層の格納庫を有する標準的なものとなった。クリーブランド級の上甲板が水平ではないため、改装は前後のエレベーター間に水平のハンガーデッキを装着することから始められた。細長い船体に格納庫と飛行甲板を設置するため復原性の悪化を防ぐ目的でバルジを装着して対処し、空母としての安定性は確保された。

飛行甲板はほぼ長方形で両舷に少しオーバーハングすることで有効幅を確保している。やはり艦橋付近は左舷側の張り出しを大きくして対処した。艦首側は艦首より後方に随分下がった位置までとなっているが、これはカタパルト装置の重量が大きいためと細い艦首で重量物の保持が難しいことで取られた措置である。なお、本級は飛行甲板が軽量構造のため、格納庫の天井に搭載機を吊すことは出来なかった。

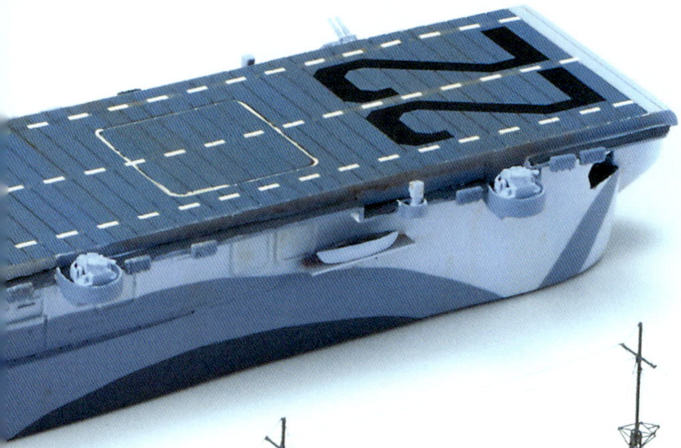

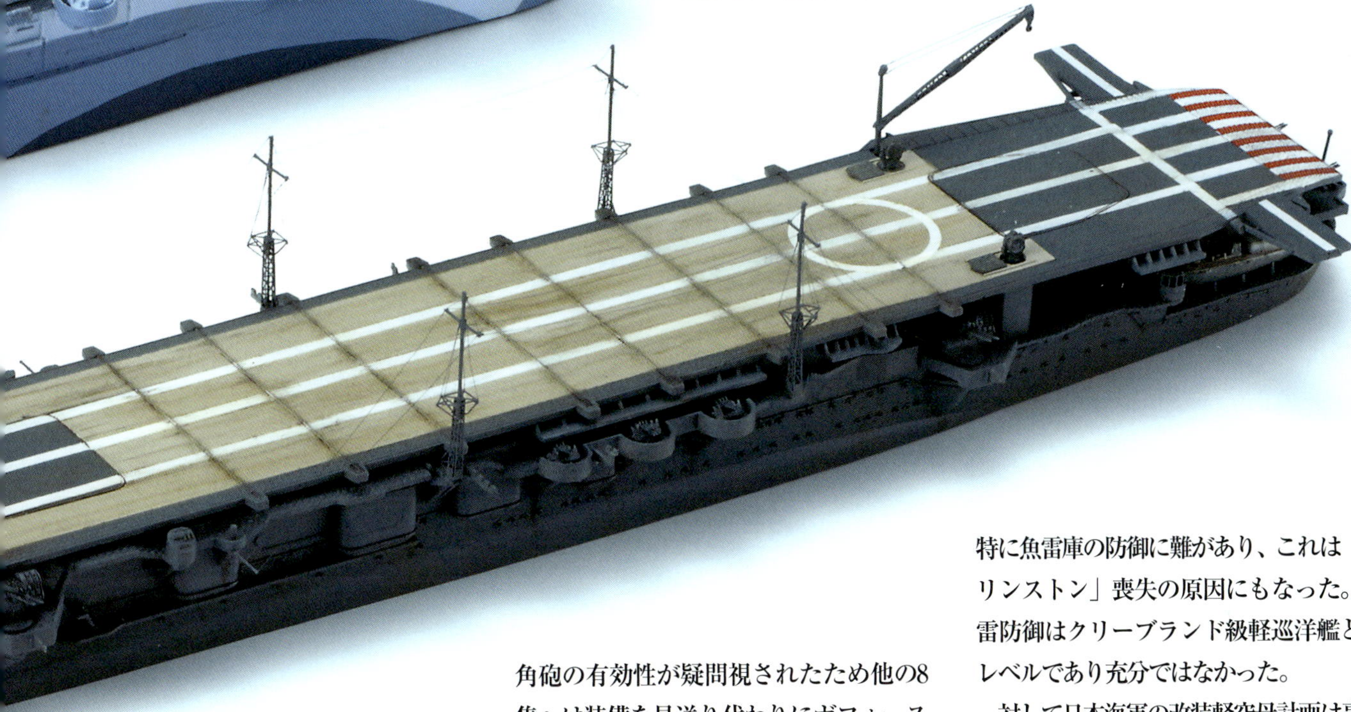

日本海軍は空母化を前提とした補助艦艇の整備を戦前から行なっていた。高速給油艦の「高崎」「剣埼」、潜水母艦の「大鯨」、水上機母艦（甲標的母艦）の「千歳」「千代田」の5隻である。
改装にあたり千歳型を除く３艦は不調のディーゼル機関を蒸気タービンに換装したため、改装期間は予定より長くなった。
改造の要領はほぼ同じで極めて似かよった艦容となっている。性能もおおむね同等で補助的ではあるが機動部隊の戦力となり得た。竣工後、直ちに機動部隊へ配属され、「龍鳳」を除きすべて失われている。
平甲板型で2基のエレベーターを配置した改装軽空母だったが、商船改装空母に比べて速力が早く、機動部隊の一員として行動出来ることには価値があった。搭載機は艦上戦闘機と艦上攻撃機を搭載していたが艦上爆撃機は搭載しなかった。ただし大戦後期になると艦爆の代わりに爆装零戦を搭載した。
航海艦橋は改装前の物を流用し飛行甲板下に設置、戦闘指揮所は露天で飛行甲板前方の両舷に張り出しを設けて置かれた。

エレベーターは格納庫の前後端に2基配置されている。寸法はやや小さいものの最大搭載重量はエセックス級のエレベーターと同じ性能のものが搭載された。

艦橋は護衛空母同様の小型のものが設置されたが、航海艦橋としての機能しかなく、航空指揮管制は露天艦橋で行なうこととしその他の機能は艦内に設置された。

機関はクリーブランド級軽巡洋艦のものがそのまま用いられ、4基のボイラーからの排煙は集合煙突とはせず単独で4本の煙突として右舷中央から舷外へ少し離れた位置に直立させた。

対空兵装としては5インチ両用砲2基が計画されたが、「インディペンデンス」のみ艦首尾に装備して竣工した。2門の高角砲の有効性が疑問視されたため他の8隻へは装備を見送り代わりにボフォース40mm4連装機関砲を装備して竣工させている。なお「インディペンデンス」も後日5インチ両用砲を40㎜4連装機関砲へと換装した。機銃についてはボフォース40mm連装機関砲8基と、20mm単装機関銃を16基装備するに留まった。他の空母は大戦後期になると特攻機対策として対空火器は強化されているが、インディペンデンス級の対空兵装は重量制限もあり増強は出来なかった。

電測兵装ではエセックス級と同様な装備がなされ充実したものであったが、艦橋が過小なため設置場所に苦労している。

防御力はクリーブランド級軽巡洋艦のそれに準じた装甲が施されているが、材質や厚みは幾分劣るものとなっている。特に魚雷庫の防御に難があり、これは「プリンストン」喪失の原因にもなった。水雷防御はクリーブランド級軽巡洋艦と同レベルであり充分ではなかった。

対して日本海軍の改装軽空母計画は事前に短期間での空母改装を考慮した10,000トン級の艦を建造して他艦種として就役させていた。これらの空母予備艦は開戦に先立ち順次、空母へと改装され戦列に加わっていった。ミッドウェー海戦の敗北以降はそれを加速させ1944年までには完了している。性能的には概ね搭載機30機、速力30ノット、12.7cm高角砲連装4基、25㎜連装機銃10基程度というもので、インディペンデンス級と比較して搭載機数はやや劣った。日本海軍の改装軽空母は比較的短期間に空母へと改装され正規空母をよく補って戦ったが、実用的なカタパルトの開発に失敗したため、新型の艦上機を運用することが出来ず大戦後半には補助的な戦力としてしか運用できなかった。

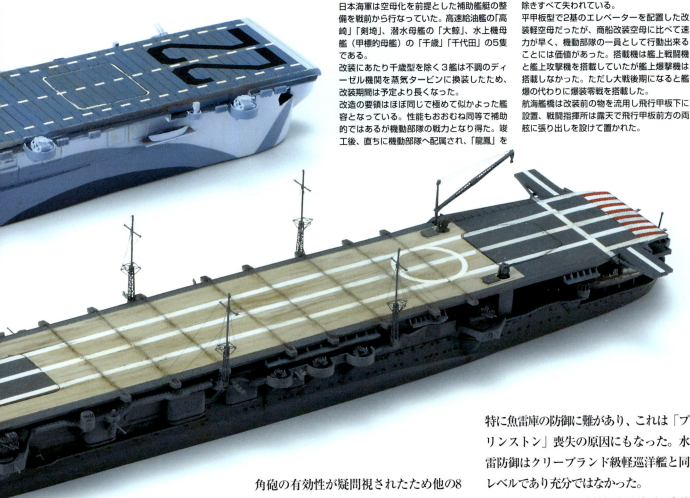

207 商船を改装した小型空母

「アタッカー」(1944年)
イギリス海軍航空母艦 アタッカー
(アメリカ海軍航空母艦 バーンズCVE-7)
タミヤ1/700インジェクションプラスチックキット
製作/遠藤貴浩

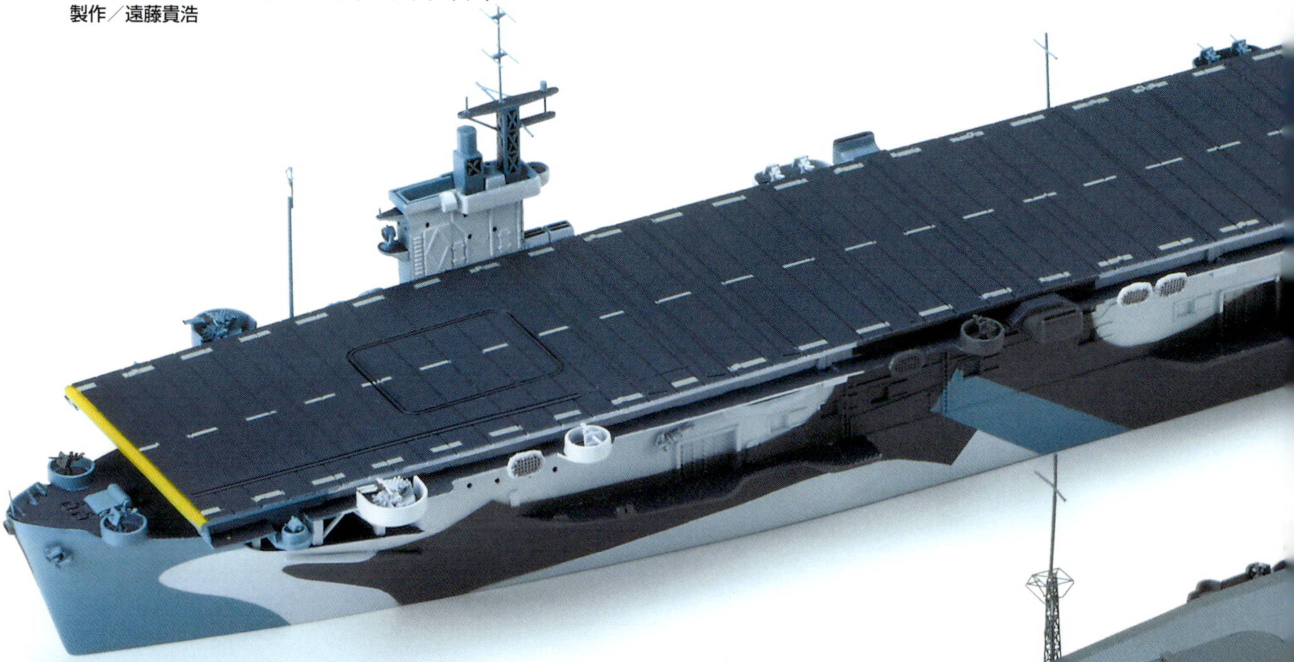

日本海軍の大鷹型空母はアメリカの護衛空母と比較すると大型で優速な貨客船が元になっており、元プロムナードデッキの直上に飛行甲板を設置した構造となっている。
航海艦橋は飛行甲板前端の下にあり、航空作戦指揮や防空指揮は舷外の露天艦橋で行なった。
飛行甲板はほぼ船体幅とされ、各艦とも艦首側は短めとなっていた。後に延長されるが新型艦上機運用は飛行甲板延長後もできなかった。甲板敷物は木甲板の他、ラテックス貼りも見られた。
エレベーターは標準的な2基とされカタパルトは設置されていない。
対空兵装は12.7cm連装高角砲が供給できず旧式の12cm単装砲を装備した艦もある。機銃は当初は25mm連装機銃10基程度だったが末期は25mm3連装機銃を含め14基程度に強化された。
煙突は右舷中央に下向き湾曲型を設置している。

イギリス海軍が有効性を見出した商船改造の護衛空母だが、アメリカ海軍はイギリス海軍向け分も含め多数建造した。

最初に改造した「ロングアイランド」は就役中のC-3型貨物船を収得し、改装したものだった。艤装は「ラングレー」程度の簡単なもので元のキャビン部分以外の外壁はない。短いピッチで柱を立てた上に飛行甲板を乗せただけの構造で、格納庫はシーアが付いたままであり床は傾斜していた。エレベーターは元キャビンの位置に1基のみであった。航海艦橋は船首楼直後の飛行甲板下に航空指揮所と共に設置した。改装直後の飛行甲板はこの艦橋付近までしかなく短かったが後年他の護衛空母と同様に延長された。

次に改造されたのが「チャージャー」だ。これは元々イギリス向けのアーチャー級護衛空母の1艦を収得したもので改装の程度は「ロングアイランド」に準じていた。ただ、航海艦橋のみ以後の量産型護衛空母に通ずるものが設置された。

初の量産型護衛空母ボーグ級は、未成C-3型貨物船の船体を利用して建造したものでイギリス向けのものを含め量産された。引き続きC-3型貨物船の線図を流用した新造艦としてプリンスウィリアム級が建造された。両艦は未完成の船体を流用するか船体を新造したかの違いはあるが性能的には同型艦として扱われる。格納庫床面は貨物船時代の上甲板でシーアが付いたままで傾斜しており、運用上は不便だったが、格納庫には外壁が設置された。ボーグ級は前級に比べて本格的な艤装が施されており、航海艦橋やエレベーター2基とカタパルト1基を標準装備とした。

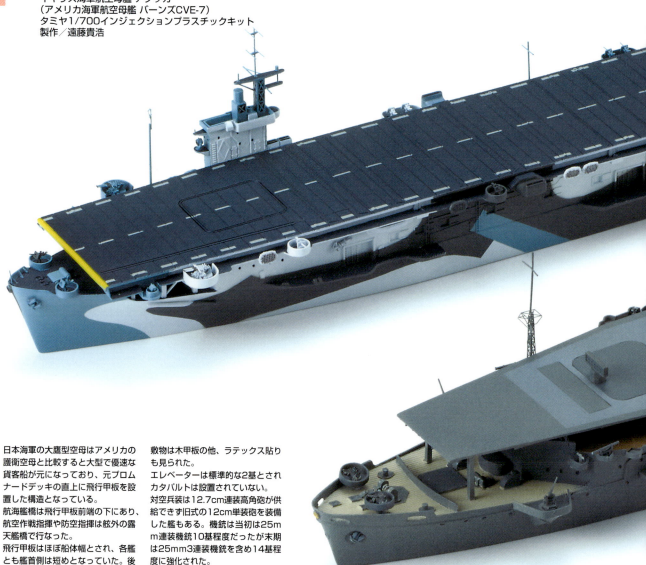

アメリカ海軍の場合、商船改造といっても初期のものを除き新造の護衛空母として就役している。ボーグ級まではC-3型貨物船を流用した船体を改造しているので商船特有の船体形状が空母に不適合な部分を有していた。ボーグ級では格納庫床面が傾斜していたことを除き航空機運用に支障がない本格的な改造を施されていた。
日本海軍の商船改装空母に比べて船体は小型だがイギリス海軍の要求で航海艦橋を設置したため、外観でも日本海軍の改装軽空母と比べて本格的なものに見える。

ボーグ級以降の航空艤装はエレベーター 2基とカタパルト1基を標準装備しており、商船の優れた航洋性を兼ね備えており有効な航空支援能力を有していた。荒天に於いてはより大型のインディペンデンス級軽空母を凌駕する航空作戦能力を発揮していた。
対空兵装では5インチ砲1～2門、ボフォース40mm連装機関砲4～8基、20mm機銃12基程度を基本として大きな増強はなされていない。
掲載した艦はボーグ級護衛空母でイギリス海軍に供与された「アタッカー」。アメリカ海軍では「バーンズ」と名付けられていた。

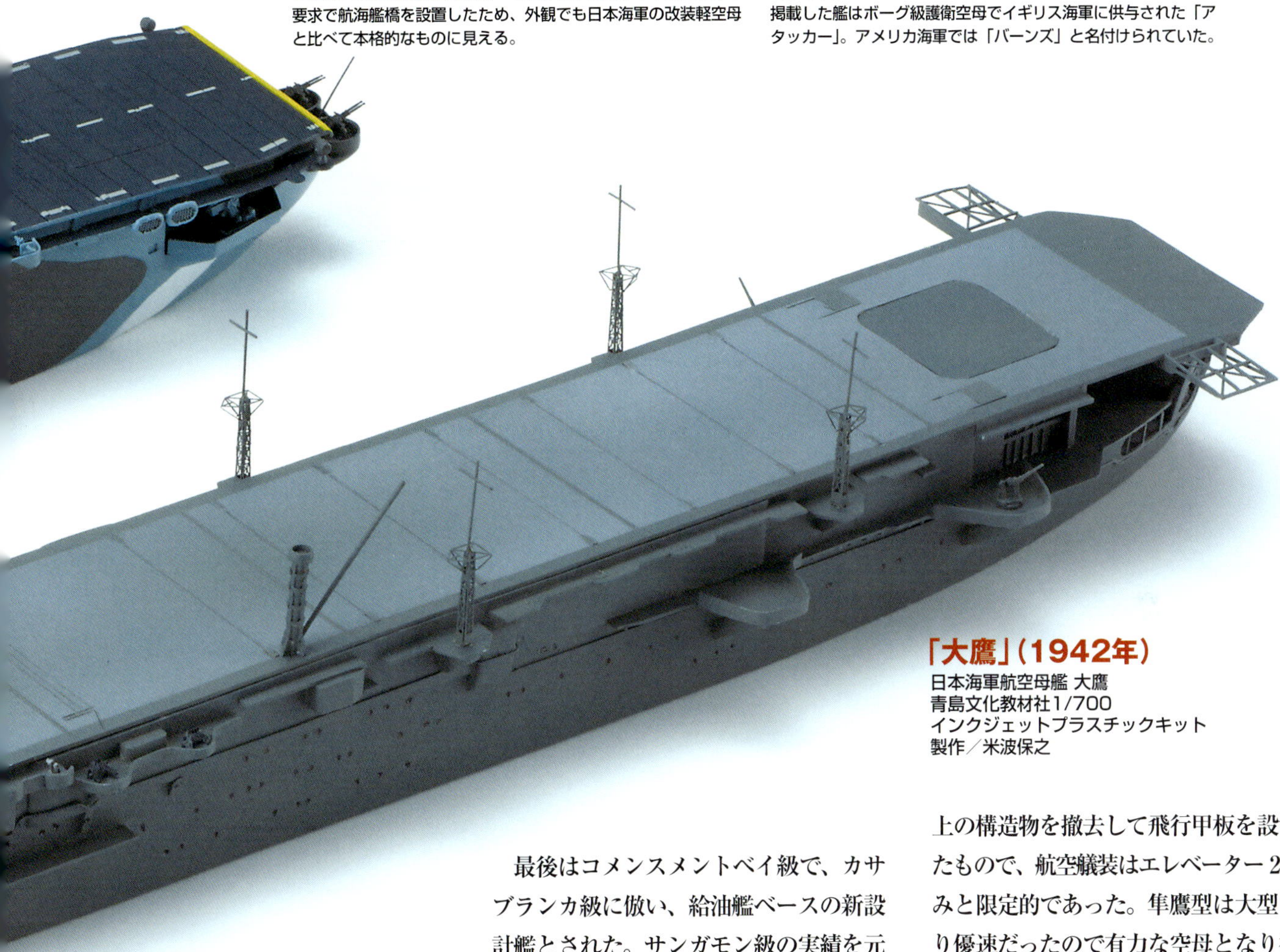

「大鷹」(1942年)
日本海軍航空母艦 大鷹
青島文化教材社1/700
インクジェットプラスチックキット
製作／米波保之

ボーグ級とほぼ同時期に建造されたのがサンガモン級護衛空母だ。本級はシマロン級艦隊型給油艦を改造したもので護衛空母としてはかなり大型だった。水平な格納庫甲板と外壁を備えた本格的な改装がなされており、広い飛行甲板を有していた。本艦は改装後も給油艦としての機能も残されており艦隊側からは高く評価された。

次に整備されたのがカサブランカ級でカイザー造船所が50隻一括建造した新設計の護衛空母であった。。艤装はボーグ級に準じてスペックだけ見ると平凡なものだが、ボーグ級に比べ満載排水量が5,000トン近く小さいにも拘わらず無駄がなく同等以上の性能を有していた。唯一の欠点は機関がレシプロであったことでこれは乗員に不評だった。カサブランカ級は1年間で50隻全艦竣工している。

最後はコメンスメントベイ級で、カサブランカ級に倣い、給油艦ベースの新設計艦とされた。サンガモン級の実績を元に航空作戦能力を高めた設計で、飛行甲板の強度やエレベータの能力を高め、カタパルトはエセックス級と同型のものを装備した。機関はカサブランカ級で不評だったレシプロから蒸気タービンに変更している。35隻の計画のうち20隻が竣工したものの登場が遅すぎたため大戦には寄与しなかった。しかし護衛空母では唯一、朝鮮戦争まで第一線に留まった。

商船改造補助空母の建造は日本海軍でも早くから着手していた。国家の助成金を使って建造した大型貨客船を徴用して改装するもので日本郵船の新田丸型客船3隻をはじめとして計7隻が改造された。中でも隼鷹型空母は27,000トンクラスの豪華客船を改装したもので空母としての能力は「飛龍」に匹敵したため、機動部隊の中核として行動した。

改装の要領はプロムナードデッキより上の構造物を撤去して飛行甲板を設置したもので、航空艤装はエレベーター 2基のみと限定的であった。隼鷹型は大型であり優速だったので有力な空母となり得たが、その他5隻はアメリカの護衛空母に比べ大型であるにも拘わらずカタパルトがないため、航空機運搬任務に使用されただけで、大戦後期に輸送船団の護衛についたがそこでも力を発揮できなかった。

日本の商船改装空母は正規空母を補う目的で建造されたもので、最初からイギリス海軍の要請で船団護衛用に設計されたアメリカ護衛空母とは異なっていた。船体は大きかったが新型の艦上機はほとんど運用できず、その活躍は限定的なものにとどまった。この点でカタパルトを装備し大戦後期になっても大型艦上機を運用することのできたアメリカ護衛空母に大きく水をあけられた。数の上でも日本海軍は7隻のみだったのに対してアメリカ海軍はイギリス海軍向けを含めて123隻も建造している。日本海軍は質でも量でもアメリカ海軍に劣っていたといえる。

208 パイロットを養成する訓練空母

「ウルヴァリン」(1944年)
アメリカ海軍訓練用航空母艦 ウルヴァリンIX-64
ブルーリッジモデル1/700レジンキャストキット
製作/村田博章

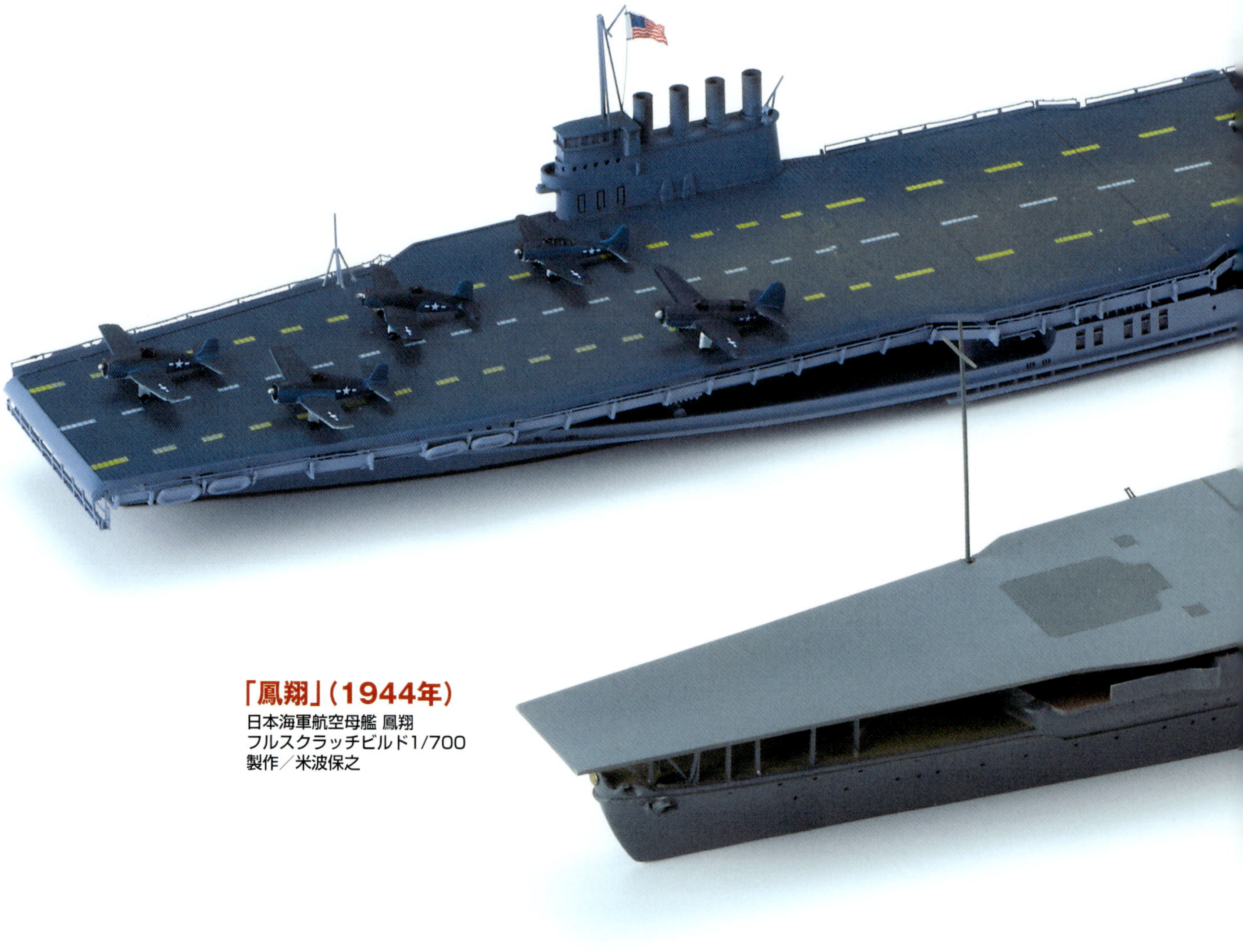

「鳳翔」(1944年)
日本海軍航空母艦 鳳翔
フルスクラッチビルド1/700
製作/米波保之

アメリカ海軍では従来、練習空母として「ラングレー」をはじめとする現役の空母を充当していた。第二次大戦が勃発してからは早急にパイロットを増員する必要に迫られたが、特に真珠湾攻撃以降は現役の空母を割く余裕もなくなり敵潜水艦の脅威もあって対応に苦慮していた。そこで考案されたのが敵潜水艦の脅威がない五大湖専用の船舶を流用することであった。海軍が目を付けたのは外輪船ながら優速で大型の遊覧船2隻であった。その1隻が「ウルヴァリン」である。

改造要領は穏やかな湖専用であることから航洋性は求めず、飛行甲板の面積のみが要求された。外輪から上のキャビンは全て撤去されて、前後のオーバーハングを大きく取って有効長を確保した飛行甲板を設置した。幅についても外輪をすっぽり覆うところまで広げ充分な面積を確保している。五大湖専用で波浪の影響はないことを前提としたデザインで、外洋での航行は考慮されていない。

元々パイロットの有資格者の発着艦訓練艦であるので、格納庫、エレベーター及びカタパルトなどの航空艤装は装備されておらず、着艦制動索、バリア及び管制に関わる物のみが設置された。もちろん武装は全く装備されていない。

それに反して発着艦時の障害物としてパイロットになれさせる要素もあるのか、

五大湖専用の外輪観光船であった「ウルヴァリン」は姉妹艦の「セーブル」と共にパイロット養成に活躍した。「セーブル」も外観は酷似しているが、一回り大型であった。
外洋航行を全く考慮してない船体はローシルエットで精悍である。全幅も大きいため前方からのシルエットも重厚感がある。これだけの有効面積があれば、短いとは言え訓練には充分であっただろう。右舷側のアイランドは着艦時の障害物としての役割を持っていたのか必要以上に大型である。優速とはいっても最大18ノットであるので、発艦に際して充分な剛性風力は期待できない。訓練用の機種や装備重量に制限を加えていたと思われる。

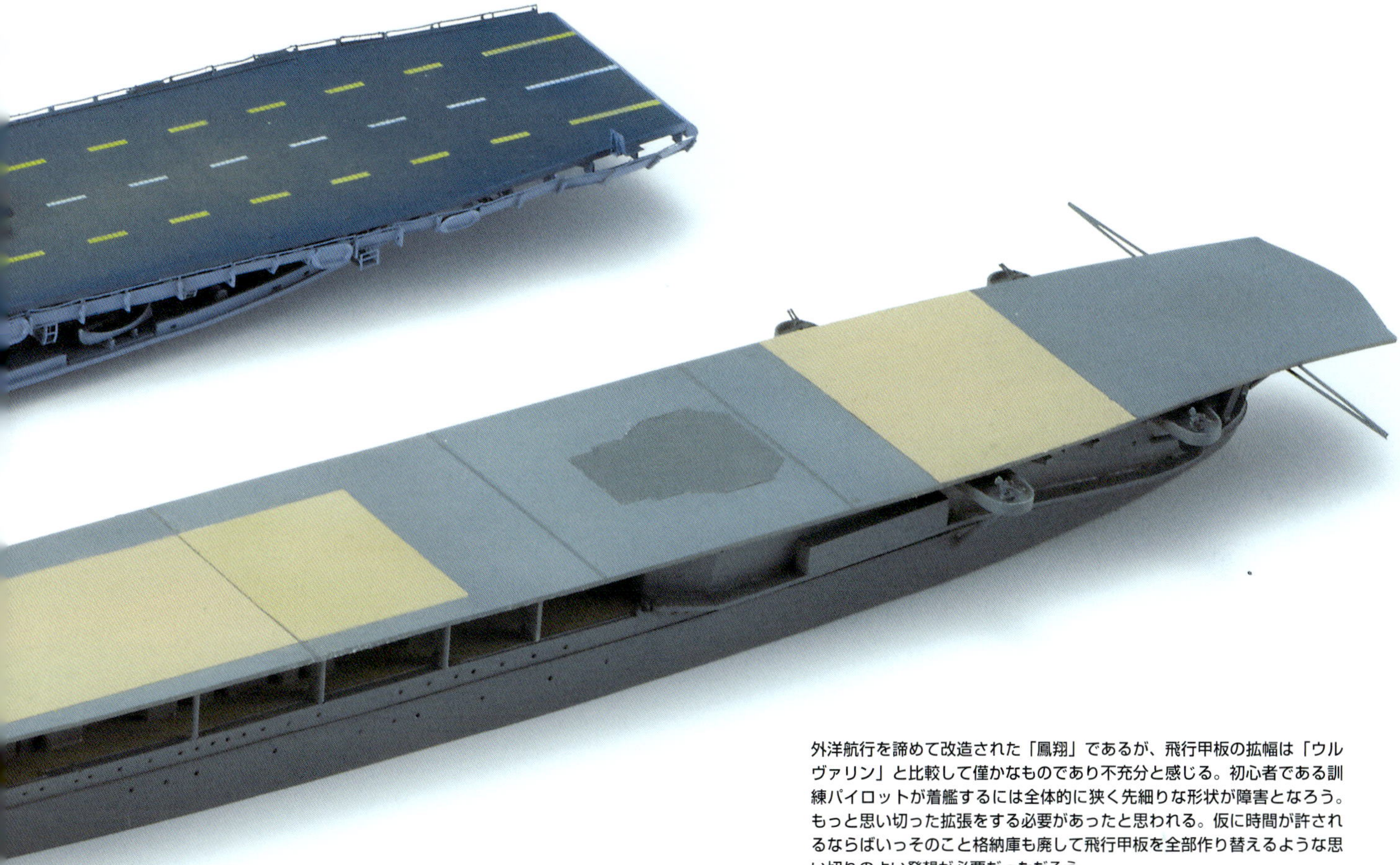

外洋航行を諦めて改造された「鳳翔」であるが、飛行甲板の拡幅は「ウルヴァリン」と比較して僅かなものであり不充分と感じる。初心者である訓練パイロットが着艦するには全体的に狭く先細りな形状が障害となろう。もっと思い切った拡張をする必要があったと思われる。仮に時間が許されるならばいっそのこと格納庫も廃して飛行甲板を全部作り替えるような思い切りのよい発想が必要だっただろう。

煙突一体の立派なアイランドを持っており、遠方から見た様は正規空母のシルエットそのものである。

なお、「ウルヴァリン」と略同型艦の「セーブル」は外観こそ空母であるが、艦籍上は雑役船に含まれる。

日本海軍では練習空母として艦隊編制から外れた艦を充てていたが、太平洋戦争勃発後は機動部隊に随伴できない低速の商船改造空母などを使用していた。戦線が拡大して船団護衛の必要性や航空機運搬の任務が増してくると低速であっても改造空母を内海に留め置く余裕がなくなってきた。

そんな中、小型で旧式な「鳳翔」は主力艦部隊の前路哨戒などの限られた任務に就いていたが、ミッドウェー海戦以降は出番もなく内海に留まっていた。そこで空母としての能力が限界に達していた「鳳翔」を練習空母として活用することとなった。まず外洋航行を諦め飛行甲板は可能な限り前後に延長し、中央付近から前を後半部幅に統一して有効面積を広げ、エレベーターも新型艦上機運用のため一部拡張して対応した。兵装は近接防御の機銃以外は撤去されている。

煙突はそれまでの起倒機構を廃した水平固定から、後方へ湾曲したものへ変更された。

ここに至っても搭載機を格納庫へ収容するというコンセプトが生きていることに驚かされる。

このように練習空母へと改装された「鳳翔」だったが飛行甲板を延長したにもかかわらず天山や彗星などの新型艦上機の発着艦訓練には使用することができず、結局、訓練標的艦として使われることとなった。

なお、外洋航行を諦めた「鳳翔」が終戦時に数少ない可動軍艦として残存したことは皮肉な結末だったと言えよう。

3. 船体デザインの特徴

301 艦首の形状

艦首の形状と言うものはまこと様々で、海面をどのように進むのかを想像するのも面白いだろう。国や年代、艦種や用途、はたまた見る角度によっても違いがあり、特有の個性を持っているので形以外の共通点や相違点を知ることは大切である。

ここではアメリカ空母の艦首形状について触れてみよう。あくまで形に限定した内容で技術的な事柄には触れていない。

まず艦首とは何だろう？　艦の「首」舳先のことである。尖った先端部分で海を左右に分けて進むために薄く出来ている。薄ければいいのか？　必ずしもそうではない。答えはひとつではないようだ。

モーターボートのように波に乗っかって進むもの、波を切り裂いて進むもの、波を押しのけて進むもの、波に突っ込んで進むものなど、形にはいろいろな理屈があるようだ。実際はこれら模型で見えてない海没部が重要なのだが、ここでは水面から見えている艦の前側と言う括りで紐解いてみよう。

アメリカ空母の艦首はおおむねメインデッキより一段高い船首楼型が採られている。インディペンデンス級のみフラッシュデッカーとなっている。レキシントン級はエンクローズド化されているので分かりづらいが、巡洋戦艦時代は長船首楼であった。商船型の中で一見船首楼のように見えるものもあるが、波よけのブルワークのみで高い甲板のないタイプもある。商船型を除く全タイプでは、大きな球状ではないもののバルバスバウが採用されており、航続力の増進に寄与している。バルバスバウといえば大半の方は大和型戦艦のそれを想像されるだろうが、艦首の艦底付近が球状に膨らんでいるものをバルバスバウと言う。商船型はゆらりと波に乗る感じなのだろう。

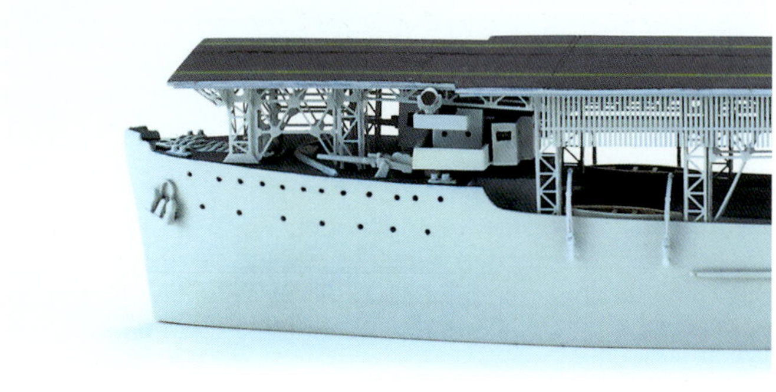

「ラングレー」

元給炭艦である「ラングレー」は商船構造の船体のまま空母に改装されたので20世紀初頭の標準的商船船体が見て取れる。先端の側面形は垂直に近く、艦底付近は丸くなっている。平面形を見ると「ステム」と呼ばれる先端は比較的丸まっており波に乗っかる感じで進むタイプと言えよう。速力も低いので艦首波を逃がす舷側のフレアーも小さく平面的だった。また、航海艦橋から前は船首楼となっており一段高くなっていて波浪対策が採られている。最先端には日本海軍では菊花紋章を取り付けるようなブルワークがあるが用途は不明。模型では吃水線側を少し彫り込んでフレアーをきつ目にすると見栄えは良くなる。

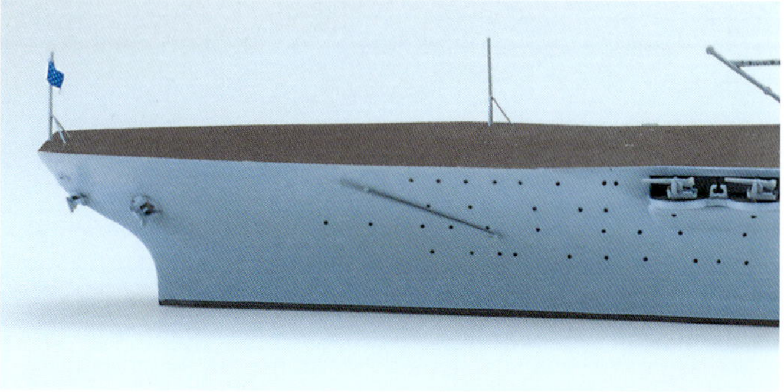

レキシントン級

元巡洋戦艦であるレキシントン級は当時の主力艦が採用していたクリッパー型艦首でバルバスバウとなっている。ステムの先端も鋭くなっているので波を切り裂いて進む構造である。フレアーも45°程の角度が付いており凌波性は良さそうである。竣工時の飛行甲板は艦首形状に倣い先端部が細くなっているので、荒天時には波を被りやすいと思われる。エンクローズド化された艦首なので、飛行甲板の一層下が錨鎖甲板となっており、長船首楼の巡洋戦艦時代のそれでもある。吃水線直上から45°程に小さくカーブしてそこから直線で広がるフレアーはアメリカ空母の特長となっている。模型でも朝顔型フレアーにならないよう注意しよう。

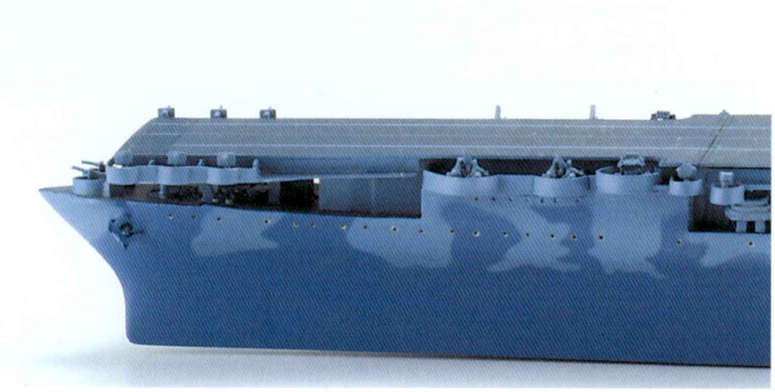

「レンジャー」

排水量制限の厳しい「レンジャー」は長い船首楼を持つが幅は細めになっている。レキシントン級と似かよった断面形であるが、先端付近のフレアーは幾分深めであり先端部の側面形は直線的でレキシントン級とは趣を異にする。また、高角砲座の少し前までメインデッキレベルにナックルラインがありこれは「レンジャー」の特長でもある。錨鎖甲板は幅が狭く先端は鋭角に尖っていて平面積も乏しく、フレアーも浅めなので波浪の影響を受けやすい。そのため飛行甲板は「レキシントン級」より高めてある。模型ではメインデッキレベルのナックルラインをきっちり出すことで「レンジャー」らしさを引き出せる。

ヨークタウン級

ヨークタウン級の艦首は以後の標準形となっている。「レンジャー」で指摘された凌波性については、高角砲座まで一杯に取った広い船首楼に深く直線的なフレアーで対処した。海を切り裂いていくような形になっている。先端部の側面形はレキシントン級のそれを踏襲しており、錨鎖甲板まで鼻筋が通って精悍である。フレアーは吃水線から少し大きめのRで広がりそこから直線で錨鎖甲板まで一気に繋がっている。1943年の改装で「エンタープライズ」は高角砲座付近までバルジで覆われるので幾分重々しくなってしまった。高角砲座側面は捻りを伴って船首楼と繋がるので、模型での造形は腕の見せ所である。

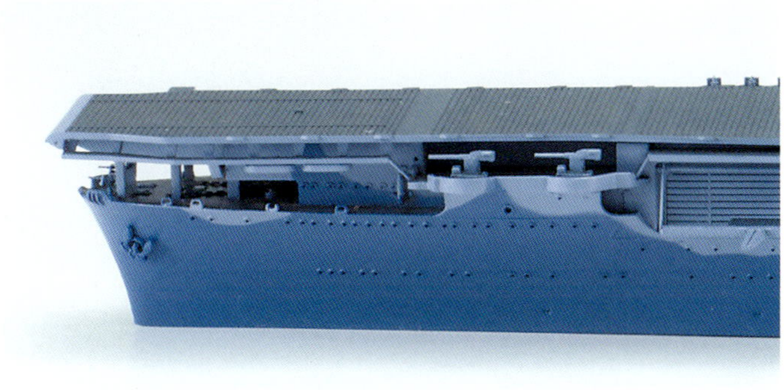

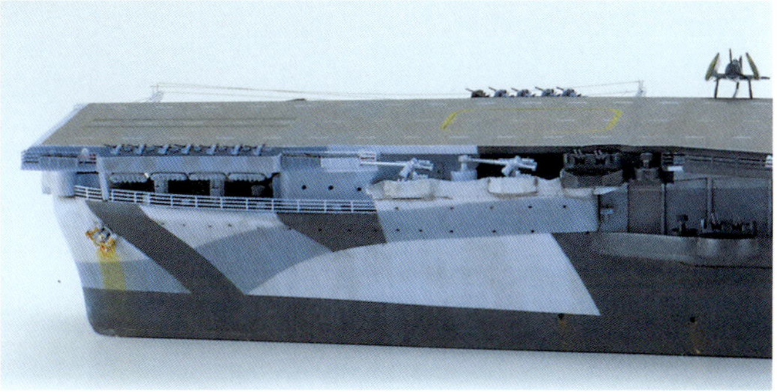

「ワスプ」

エセックス級のテストを盛り込んだ「ワスプ」だが、船首楼の段差は小さいものの後ろは高角砲座までと基本形はヨークタウン級を踏襲している。先端部の側面形についてはクリッパー型を採らず、緩やかで少しだけ突き出した形とした。側面から見た時はフレアーが緩慢なラインに見えるのでどことなく寸詰まり感がある。見る角度にもよるがヨークタウン級とは随分印象が異なる。反対に前から見ると側面からの印象と異なり緩めのカーブではあるが深いフレアーが付いており、しっかり凌波性は確保されている。模型では見え方が異なる縦横の断面形を再現することがポイントとなる。

エセックス級

「ワスプ」で得たテータを元に設計しているので、側面からの見た目はそっくりだが、基本形はヨークタウン級を踏襲している。船首楼の高さについては「ワスプ」の実績に基づき厚い板を乗せたような形で高められた。フレアーとの接点にナックルラインがあるが、先端付近ではステムと融合してなくなっている。前から見た横断面は「ワスプ」のそれとは異なり、大きめのカーブでグイッと60°程広げたまさしく朝顔型になっている。ナックルへ繋がる辺りはやはり直線であり伝統は継承されている。後期艦の「長船体型」は錨鎖甲板を前方に突き出す形のクリッパー型とされた。これは40㎜機銃の射界確保と凌波性向上が目的だった。模型ではナックルラインの処理と朝顔型フレアーが肝となる。

インデペンデンス級

クリーブランド級軽巡洋艦からの改造なので艦首のラインは極めてシンプル、単調とも言えよう。元々フラッシュデッカーなので緩やかにシーアが付いており短い飛行甲板と共に他艦では見られない造形となっている。錨鎖甲板の外形線は周りのカーブが先端で繋がった感じで細長く幾分ふくよかでもある。先端部は高速巡洋艦のそれなので鋭角で尖っているが、側面形は直立に近い傾斜となっていて簡易的である。前から見た横断面形は緩い大きなカーブで浅いフレアーをなし、錨鎖甲板外形似合わせてやや深めになっている部分もある。模型では吃水線幅を少し詰めてフレアーを強調することで単調さを緩和することができる。

ボーグ級

「ラングレー」よりずっと世代が新しい商船が元になった空母なので自ずと形状も異なっている。船型は「チャージャー」を除き船首楼型が採られているが、「ラングレー」と比べても随分短くなっている。先端部の側面形は「ワスプ」などと同程度の傾斜になっているが、断面形は浅いフレアーがあるのみで凌波性は良いとは言えない。やはり低速なので余り問題にはならないようだ。とは言え、吃水線ラインはなだらかな不連続曲線であるからフレアーラインも傾斜を変えながら後方へ繋げる必要がある。先端部は鋭いものではなく商船なりの丸まった舳先となっている。

▲作例の画像で紹介できない断面形を実艦写真でご覧いただこう。これはレキシントン級竣工当時の艦首である。吃水線少し上で小さなRで折れ曲がり、その先が直線で広がる独特なフレアーを持っている。その直線的断面形が不連続に繋がるとレキシントン級艦首が出来上がるのだ。飛行甲板とエンクローズドされた接点は鋭角に交わり、精悍な表情を作っている。艦底部を見ると丸い膨らみが見て取れ、バルバスバウであることが判る。

▶この写真は開戦直前のヨークタウン級をドックから撮影したもので、艦首断面を読み取るのに充分なものである。吃水線付近から緩やかにカーブしながら一気に直線的に広がるフレアー形状はレキシントン級をベースに発展、継承がなされていることがわかる。アンカーの取り付け位置の違いが興味深い。艦首錨鎖甲板は広く取られ、凌波性の高さが一目で分かる。やはり艦底部が丸く膨らんでおりバルバスバウが設置されていることが判る。

302 艦尾の形状

艦尾形状は大きく分けて3つに分けることが出来る。後ろをすぱっと切り落としたようなトランサムスターン。丸みを帯びて後方に張り出しているクルーザースターン。海面から高い部分が後方へ張り出した古い商船タイプのカウンタースターン。この3タイプでも舵形式や取り付け位置、推進器の数などで外観は随分変わってくる。

ここではアメリカ空母の艦尾形状について触れてみた。

まず艦尾とは何だろう？　艦の「尾」、艫のことであり、お尻が潜った辺りに舵と推進器が付いている辺りを指す。

アメリカ空母はおおむねクルーザースターンを採用しており、古い商船改造の「ラングレー」のみカウンタースターンで、ボーグ級などのC-3型貨物船改造タイプがクルーザースターンに近いカウンタースターン、カサブランカ級のみトランサムスターンを採用している。戦後のフォレスタル級以降のスーパーキャリアーは皆トランサムスターンであり、海上自衛隊、イギリス海軍なども近年おおむねトランサムスターンを採用している。トランサムスターンは艦尾波の発生が少なく推進抵抗が軽減されるため、近年主流となっている。

カウンタースターンである「ラングレー」は1910年代の商船型なので佇まいはいささか古くさい。レキシントン級はクルーザースターンであるが、高速巡洋艦タイプの細長い船底に対し、充分な甲板平面を確保するための直線的なフレアーで飛行甲板まで広げている。側面からと後方から見た感じはまるで違う印象がある。その他の艦隊型空母はおおむね同じ形状をしており、側面から見ると艦尾甲板から舵へ向かってカーブしながら沈み込む形で、後方から見るとV字形をしている。

インディペンデンス級はクルーザースターンであるが、メインデッキの後方は丸くなっているもののトランサムスターンに近い造形になっている。護衛空母各タイプはトランサムスターンのカサブランカ級を除き元の船の形状を踏襲しており、水線下はカウンタースターンの構造を持っているが、水上部はほぼクルーザースターンと言える形状となっている。

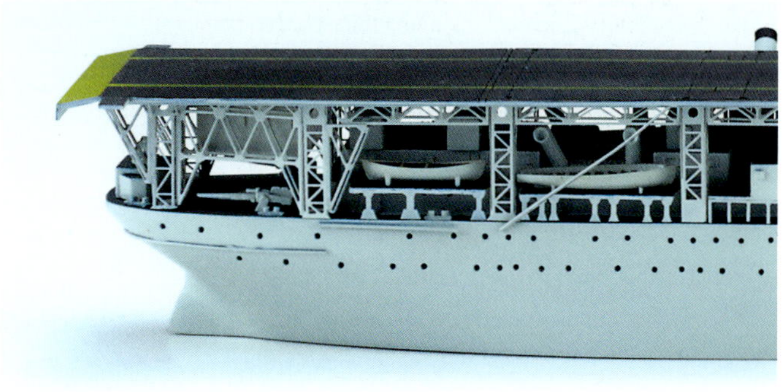

「ラングレー」

「ラングレー」は1910年代の旧式な商船タイプなので艦首共々年代なりの古くさい形状をしている。カウンタースターンは帆船時代の趣を残す形状で、短軸の商船や漁船などでは今日でも見ることができる。「ラングレー」は艦全体にシーアがつき、そのシーアラインと並行に艦尾甲板部が後方に突き出している。そこに比較的高い位置から縦長の舵が付いており、吃水線付近は急激に幅を絞り込み舵のヒンジが付く構造になっている。縦方向は比較的前方からせり上がり、艦尾の甲板付近が庇状に飛び出す様な恰好に繋がっている。「ラングレー」は2軸であるので、舵に向かって絞り込まれた部分に推進器がある。

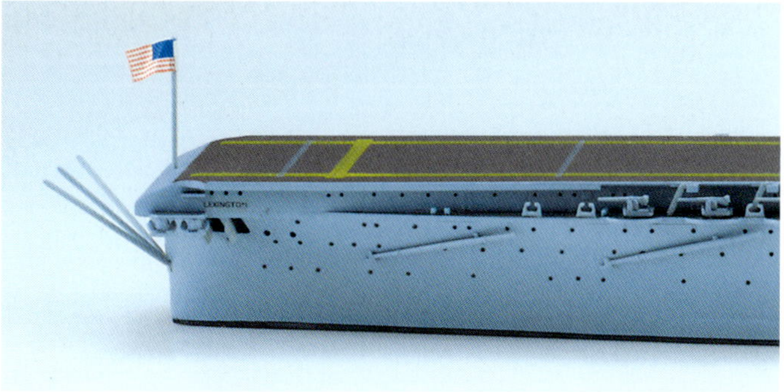

レキシントン級

巡洋戦艦時の艦尾側面形はメインデッキより吃水線付近の方が後方へ飛び出しているが、空母化でほぼ垂直に立ち上がる構造に改められた。横断面形はV字形でそのまま高角砲甲板まで延ばされた。側面形を見ると効率よく容積を確保しており、後方から見た場合、高速船体の断面を維持したままで直線で一気に飛行甲板に向かって広げるところは非常に合理的でアメリカらしい造形であろう。飛行甲板直下には高角砲甲板レベルにギャラリーデッキを配して、その1層下には8カ所の開口部を持つ発動機調整所が設けられている。飛行甲板はギャラリーデッキを伴い船体より後方へオーバーハングしており、「サラトガ」では近代改装でそれはさらに延長された。

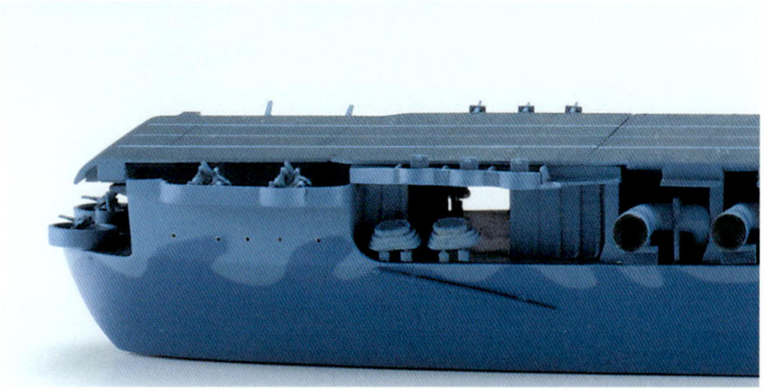

「レンジャー」

「レンジャー」で形成された艦尾形状は、以後の全正規空母の基礎となった。丸みの具合は各級で異なり、舵の形式や取り付け位置、機関配置や推進器の数、吃水の深さなどで決まってくる。横断面形はV字であるが、「レンジャー」の場合は艦中央部から続いて緩やかなフレアーが付いている。高角砲座側面とは格納庫甲板でハッキリとしたナックルラインで繋がっており、この点も以後の艦で継承された。エレベーターの配置が艦尾一杯であるので艦尾甲板は前後長が短いが、飛行甲板のオーバーハングが小さいため、艦尾配備の機銃には射界制限が余りない。

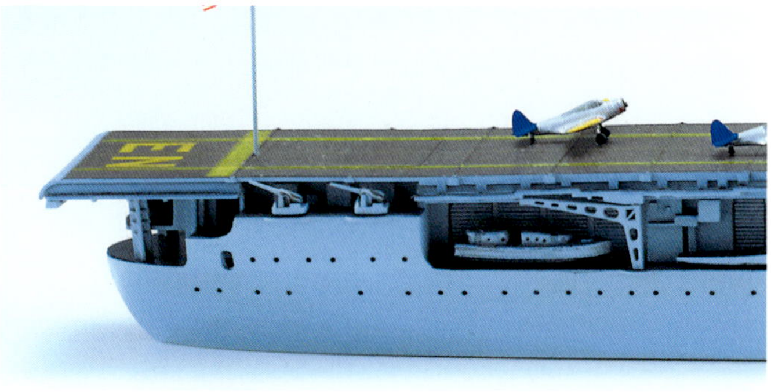

ヨークタウン級

おおむね「レンジャー」の形状を継承しているが、舵と推進器の位置から後方が長くなっているので、沈み込むカーブも緩くなり水線長も短くなっている。横断面形は中央部の顕著なフレアーによる広がりが、高角砲座付近からそれが徐々になくなり直線のV字へと変わってくる。後ろから見上げる画像ではそれがハッキリ分かる。高角砲座側面と船体の繋がりはやはり格納庫甲板レベルでナックルラインを伴うが、高角砲座の絞り込みも大きいので繋がりは「レンジャー」のそれよりスムーズである。艦尾の甲板はエレベーターが前進したため、面積は倍増しているが飛行甲板のオーバーハングが大幅に増えたので艦尾への機銃の装備は見送られた。

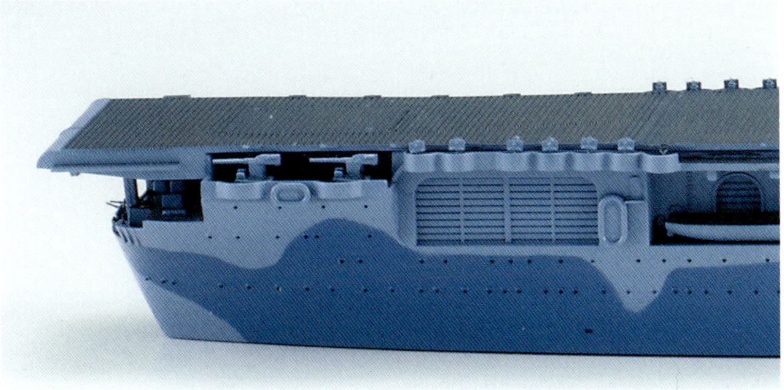

「ワスプ」

基本的な形状は「レンジャー」を踏襲している。いくぶん浅い吃水と2軸であること、水上部が前方へ潰れた感じになっていてることなどから、側面形の後端は立ち気味でこれまでの空母と違った印象となっている。横断面形はこれまでと同等ではあるが、前後が寸詰まりであるため高角砲座から後ろは急激に広がって120°程まで開いている。艦尾甲板も前後が短い横長な平面となっているので、どっしり感はあるもののスマートさに欠ける。飛行甲板の後端はヨークタウン級並にオーバーハングが付けられた。高角砲座は船体フレアーとほぼ同じ角度で広がっておりナックルラインは付いていないが、若干谷折れ気味である。

エセックス級

エセックス級の艦尾形状はこれまでの艦と同様であるが、後方まで甲板幅をしっかり確保しているため、平面形は「ワスプ」のように前後に潰れたようなカーブを描いている。横断面形も「ワスプ」のそれを踏襲しており急激に広がり130°程のV字となっている。格納庫が後ろ一杯まで確保されているので、自ずと艦尾甲板は短く艦尾装備の40㎜4連装機関砲はブリスターを付けた上で後方へ少し飛び出している。後期建造艦では大きなブリスターを装着してさらにせり出している。左舷高角砲座は飛行甲板の張り出しにともない谷折りでの繋がりとなっている。

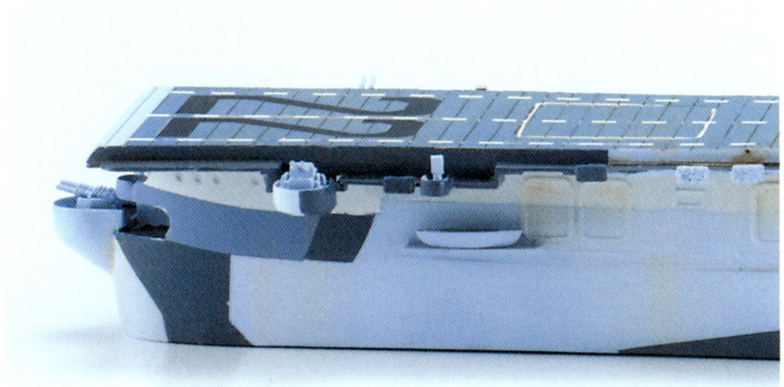

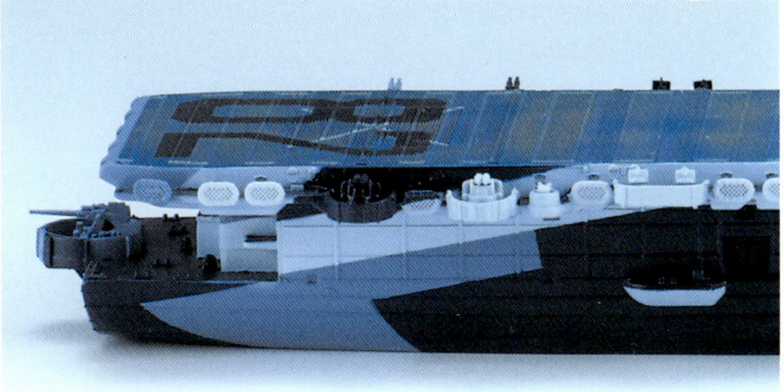

インデペンデンス級

クリーブランド級軽巡洋艦の船体を利用して建造されたインデペンデンス級空母の艦尾は一応クルーザースターンの形状だが、カーブで沈み込むのではなく一旦水面下へ垂直に降りてから前方へ折れ曲がる構造となっている。さながら駆逐艦やトランサムスターンの造形に近い。横断面形は元の船体がタンブルフォームなので若干下膨れとなっている。エレベーターから後ろは魚雷庫をはじめとする部屋がギリギリ後ろまで配置されているので甲板平面は余りなく、艦尾装備のボフォース40㎜4連装機関砲の銃座はブリスターを設けて張り出している。飛行甲板のオーバーハングはほとんどない。

カサブランカ級

C-3型貨物船を改造したボーグ級などの護衛空母はヨークタウン級などに似た形状であるが水線下はカウンタースターンの形状となっている。そんな中、トランサムスターンを唯一採用したのがカサブランカ級で、カイザー造船所が早くから有効性を見出して採用したものである。側面形はインディペンデンス級とさほど変わらないが、平面形は全く別物となっている。艦尾後端まで甲板の有効幅を確保しつつ余分なものを切り取った様は急造的ではあるが、現代に通ずる推進抵抗低減のノウハウが詰まっている。飛行甲板のオーバーハングはないものの、艦尾の5インチ高角砲の砲座は射界確保のため後方へ張り出して装備している。

◀作例の画像で紹介できない断面形を実艦写真でご覧いただこう。これは「ホーネット」の建造中の画像で、艦尾形状を的確に読み取ることが出来る。丸い平面形のカーブを意識すると丸く見える艦尾形状も、縦方向に意識して見るとV字型に広がっていることがをわかる。「レンジャー」は少しカーブしたフレアーを持っていたがヨークタウン級以降はこのような直線的なV字形をしていた。船体部分と高角砲座下の繋がりはメインデッキでわずかにナックルを伴っていることが見て取れる。見にくいが先端には鼻筋が通っていてこれもアメリカ艦の特徴でもある。

▶エセックス級を後ろから見た写真だが、吃水線ラインがとても細くなっている様が見て取れ、艦尾甲板の幅も丸く広いことが判る。それに伴いヨークタウン級を大幅に凌ぐV字角で直線的に広がり、先端の鼻筋と共に特徴となっている。こちらも平面の丸みを意識すると判りにくいが、見る角度を変えながらV字角を意識して見るとアメリカ軍艦の艦尾形状が把握しやすい。こちらも決して丸い艦尾ではない。

303 飛行甲板の形状

アメリカ空母の飛行甲板平面形状の特徴として日本の空母のそれと比較した場合、シンプルなスクエア（矩形）形状をしている点が挙げられる。日本の空母は多角形で構成されており、例えば艦首にいくに従い飛行甲板先端幅が細くなっていたり、後端部の赤白着艦標識両端は角を斜めにカットした形状になっているなどの複雑な形状をしている。一方で、「ラングレー」に始まるアメリカの空母は竣工時のレキシントン級を除き全ての空母が直線的でスクエア、しかも左右舷がほぼ対称であることも特徴として挙げられる。ただしアメリカ空母の場合右舷中央に巨大な艦橋と煙突を備えていたために船体

「ラングレー」

レキシントン級

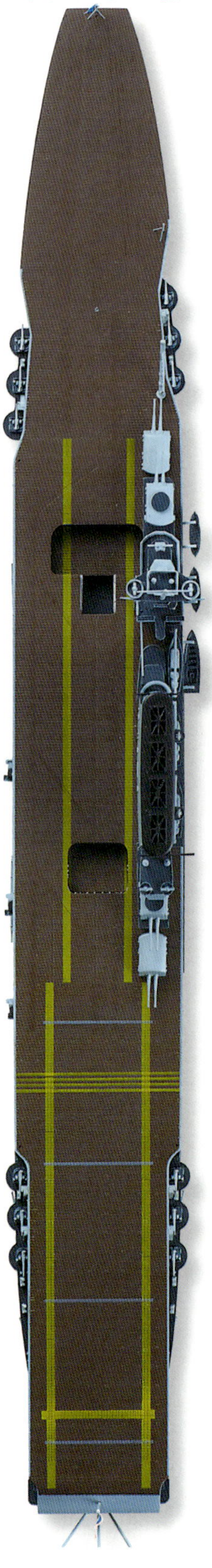

「レンジャー」

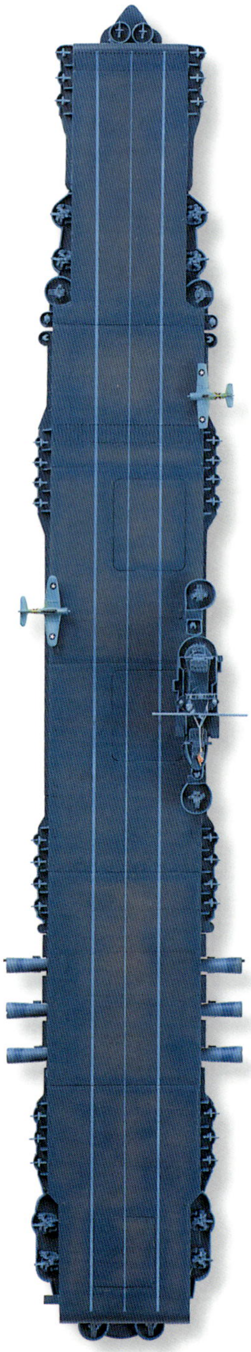

ヨークタウン級

が右舷に傾きやすく、その対策のひとつとして飛行甲板左舷中央を大きく舷側からオーバーハングさせた形状とすることにより艦全体での重量バランスを均衡に保とうとしていた。そのため「レンジャー」以降の新型正規空母のヨークタウン級、「ワスプ」、エセックス級は左舷中央の飛行甲板幅が艦首部、艦尾部に比べて広くなっている。レキシントン級についてはアメリカにとっても初の大型空母ではあったが、船体が元々巡洋戦艦で重心が比較的安定していたためか上記のような工夫は飛行甲板に施されなかった。レキシントン級に続いて新規建造された「レンジャー」も右舷中央に艦橋を備えていたが、重量配分の結果、艦橋と分離した起倒式煙突を両舷に備えていたので同じく飛行甲板には上記の様な工夫は導入されなかった。この様なスクエア形状を導入した理由には、搭載する艦上機の一部を露天繋止するので飛行甲板面積を増やす必要があったことや、建造当初に艦首側からの着艦（逆着艦）が想定されていたという背景がある。

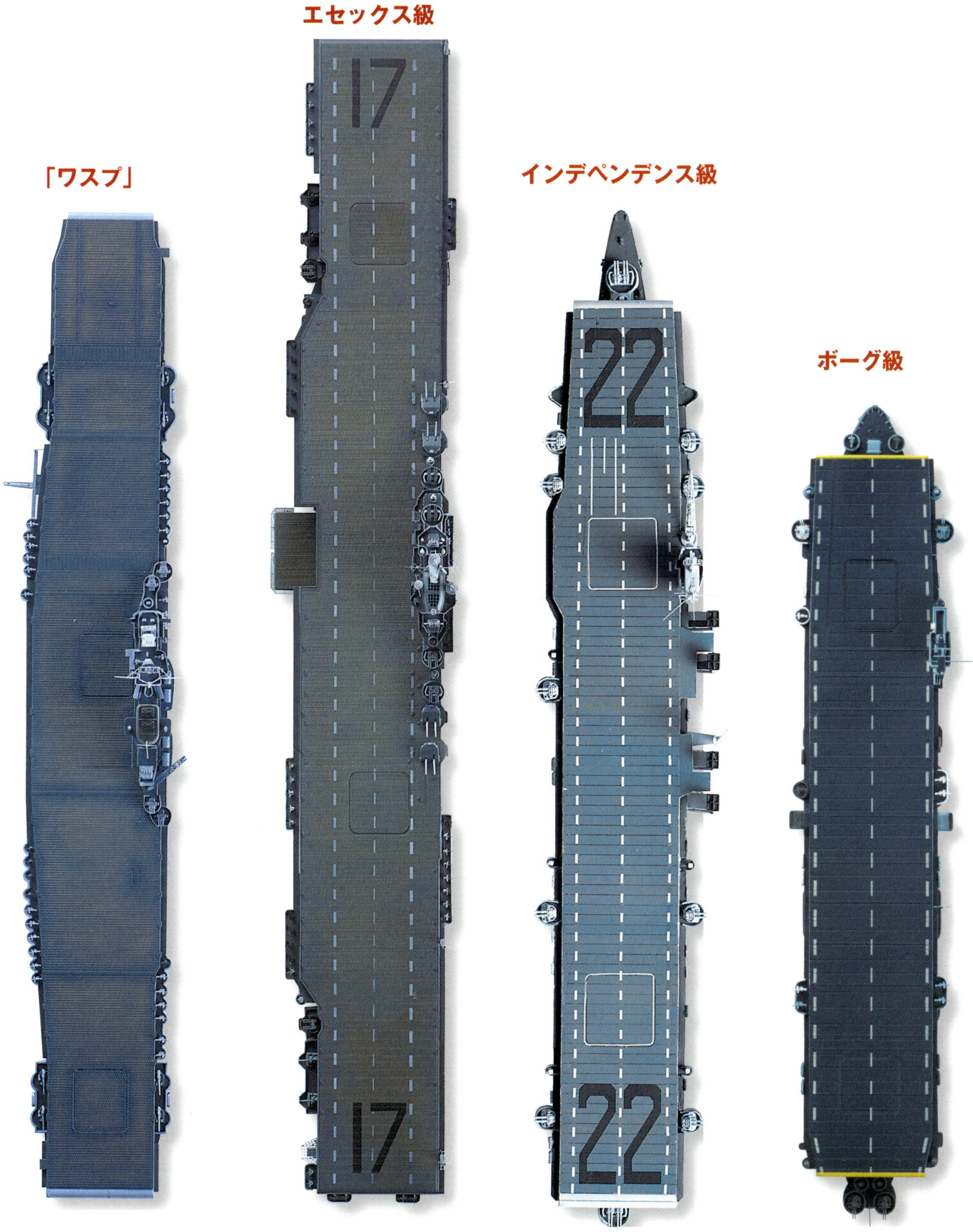

4. 日米空母飛行甲板の比較

401 試験艦的要素を持つ小型空母

「ラングレー」
飛行甲板／ 159.4×19.8m

アメリカ海軍航空母艦 ラングレーCV-1
ルースキャノン1/700レジンキャストキット
製作／遠藤貴浩

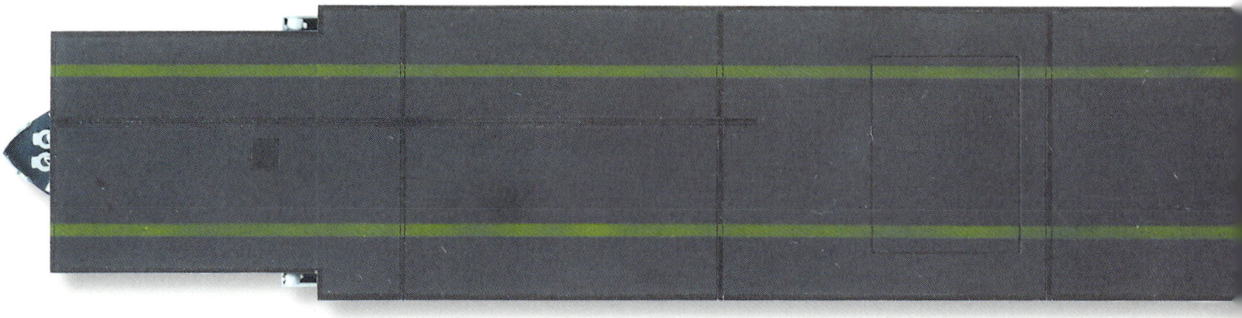

「鳳翔」
飛行甲板／ 168.25×22.7m

日本海軍航空母艦 鳳翔
フジミ1/700インジェクションプラスチックキット
製作／米波保之

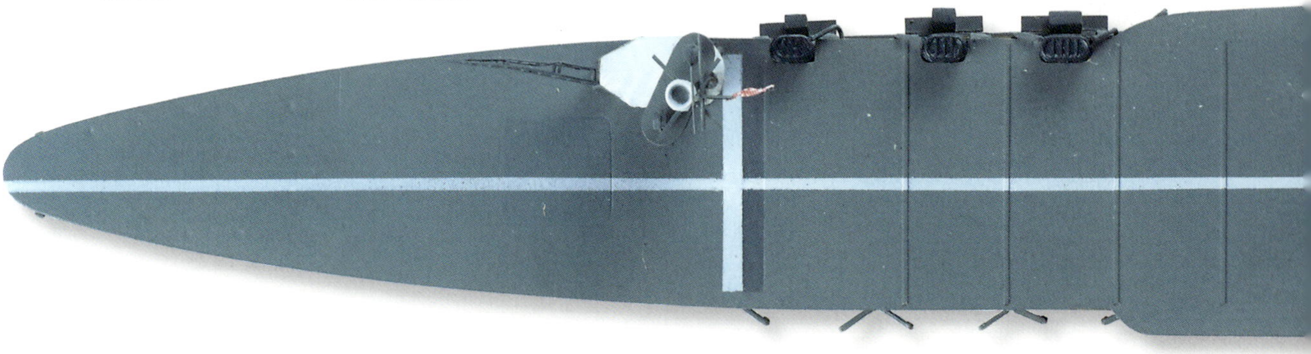

時代とともに拡大した「鳳翔」の飛行甲板

起工時から航空母艦として設計されて完成した世界初の正規空母という記録を持った「鳳翔」であるが、竣工当初から飛行甲板上の不具合が目立っていた。竣工時は右舷前方に艦橋を有しており、これは確かに操艦には有効な設備だったが、こと発着艦においてはこの程度の小型空母では障害物以外の何物でもなかった。艦橋より前方には下り傾斜が設けられており発艦促進に寄与するものと期待されていたがそれ程の効果はなかったようだ。翌年艦橋及びクレーンの撤去に併せ艦首側の傾斜も是正している。艦首側の外形については同時期のイギリス空母が総じて艦首形状に倣って先すぼまりの飛行甲板であったことに準じ取り入れたと考えられる。また、海面からの高さが充分でない飛行甲板に対する波浪対策のためでもあった。艦前半の幅は船体幅に準じているが、起倒式煙突を立てた時のスペースも考慮されたものの、後の「レンジャー」のように倒したら蓋をするという発想はない。後年この起倒装置は廃止されており飛行甲板の切り欠きは埋められた。後半部は拡幅されているが、この拡幅部の下側には艦載艇をつり下げる装置が設置されていた。開戦時の飛行甲板形状では、艦首部先端を一部短縮している。これは波浪対策のためと思われる。新造時と比較すると右舷側煙突付近の飛行甲板は船体後部と同じくらいまで幅を増している。当時煙突は後方下向きの湾曲型に改正されていた。艦尾側も着艦標識設置に併せなだらかに繋がる形状に拡幅された。1944年には外洋航海を断念する形で飛行甲板の大幅な拡幅が行なわれた。艦首尾のオーバーハングは元より幅についても一回り広いものとなった。ただ、どうせ外洋航海を断念するのなら飛行甲板を「ラングレー」のような完全な矩形には出来なかったのかと疑問が残る。

「鳳翔」1920年

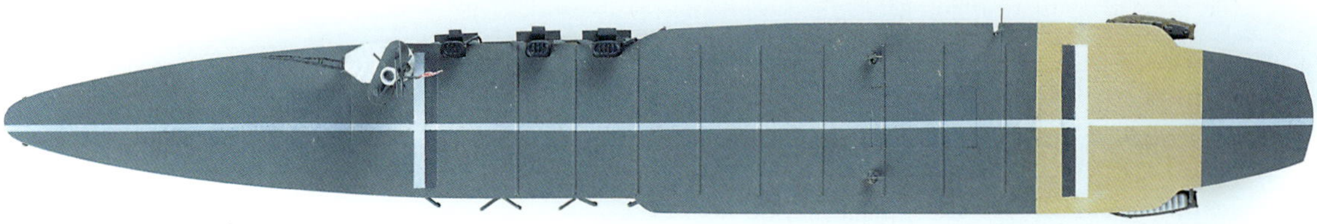

日米初の空母として建造された両艦は、プロセスは違うものの試作艦的な要素の高いものであった。「ラングレー」は完全専用設計の空母を目指していたものの海軍航空隊の創設を急ぐため、既存艦の改造で早期保有を目指した。対して「鳳翔」は逆に専用設計にこだわって建造した空母である。比較画像を見れば一目瞭然だが「ラングレー」はいかにもアメリカらしい合理的なデザインでできるだけ広い飛行甲板を設置することを主眼としたことが分かる。反して「鳳翔」はいかにも日本的で凝った作りとなっている。「ラングレー」は海軍航空隊創設のための練習艦としての任務もあるので発着艦に特化したシンプルな形状（矩形）である。艦首側は一見波浪の影響を受けそうだが、飛行甲板を比較的高い位置に設置した点と、そもそも速力が低速なため問題は起きていない。「鳳翔」は黎明期の空母に通ずることだが、飛行甲板の外形は船体平面に倣う傾向があった。艦首付近の波浪による損傷懸念、有効幅を拡幅することによる復原性への影響など様々な要因が推察できる。しかし、結果として不具合も多く、実用性はともかくカタパルトまで装備した先進的な「ラングレー」にはとても及ばないものとなってしまった。

「鳳翔」1941年

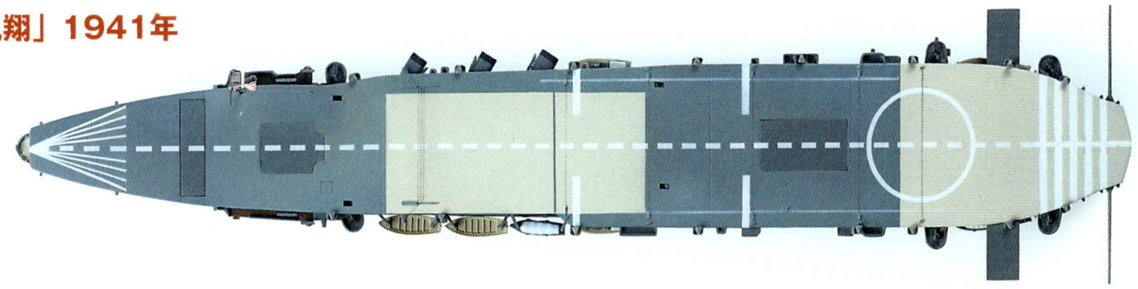

「鳳翔」1944年

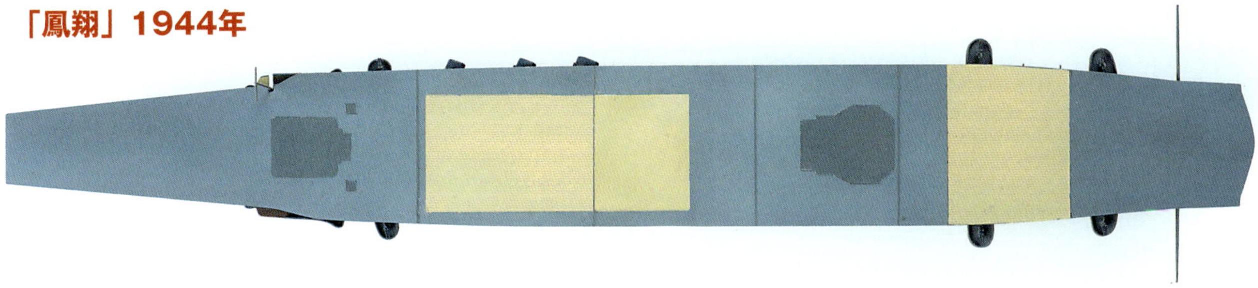

402 巡洋戦艦から改装された大型空母

「サラトガ」

飛行甲板／ 264×32.3m

アメリカ海軍航空母艦 サラトガCV-3
ピットロード1/700インジェクションプラスチックキット
製作／遠藤貴浩

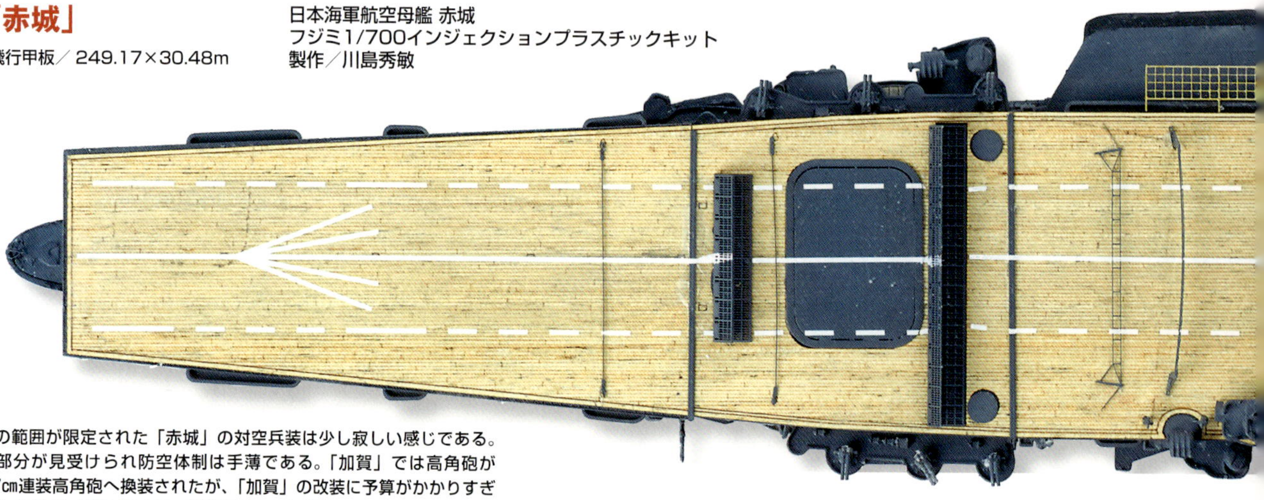

「赤城」

飛行甲板／ 249.17×30.48m

日本海軍航空母艦 赤城
フジミ1/700インジェクションプラスチックキット
製作／川島秀敏

改装の範囲が限定された「赤城」の対空兵装は少し寂しい感じである。空白部分が見受けられ防空体制は手薄である。「加賀」では高角砲が12.7㎝連装高角砲へ換装されたが、「加賀」の改装に予算がかかりすぎたため「赤城」は旧式の12㎝連装高角砲のまま戦った。実現はしなかったが「赤城」が追加の近代改装をしたとしても「サラトガ」のように艦の全周に対空火器が配置するようなことは出来なかっただろう。エレベーターの配置は格納庫からの展開、収容のことから言えば理想的だろう。3段式の後部格納庫では効率よく搭載機を移動させる手段として最後部のエレベーターを2段式にしたところは優れた部分である。

ワシントン軍縮条約により廃棄することになった巡洋戦艦をベースとした大型空母を建造した日米海軍。ほぼ同時期に改装された艦だがその内容には大きな違いがある。

レキシントン級の飛行甲板外形から見てみよう。まず一見して飛行甲板の広さに驚かされる。前側の高角砲座が幾らか前後にズレているので、若干いびつになってはいるが形は竣工当時の画像を見て分かる通り、ほとんど左右対称となっている。艦首側はスーッと細くなってとてもエレガントで女性的である。艦の中央部は舷側の外壁と面一になっており、前後高角砲間は船体幅ということになる。後部高角砲から後ろはギャラリーデッキレベルの甲板が一部露出する形で高角砲座が形成されている。後方艦尾部の造形はさながらお釜の蓋のように長方形のギャラリーデッキが艦尾船体からはみ出している。普通ははみ出した甲板はガーダーや三角サポート、支柱などでホールドするが、有効面積を確保しながらギャラリーデッキという箱（部屋）ごとはみ出させたという発想はとても新鮮に映る。そのギャラリーデッキの外形はおおむね後部飛行甲板幅になっている。左右対称の形状は復原性などのことを考えるとよいが、レキシントン級のように右舷側に巨大な構造物（艦橋と煙突、20.3㎝連装主砲塔4基など）が載るのでじつは都合が悪かった。レキシントン級の両艦は近代改装のおり、艦首付近の飛行甲板の拡幅を行なっている。「レキシントン」は飛行甲板の前端を曲面を帯びた形で広げたのに対して、「サラトガ」は直線的に拡幅された。反対に拡幅部の下側は「レキシントン」が斜めに蓋をしたようなカバーを設置したに留まったが、「サラトガ」は整流された

改装後のサラトガを見ると対空兵装がバランス良く、全周をくまなくカバーできていることが分かる。さらに1944年の改装ではボフォース40mm4連装機関砲22基と連装2基が装備されているが、それらを装備できる壁が艦の周囲全体にあることがレキシントン級の優れたところであった。レキシントン級のエレベーターは2基と少ないが、その配置からも格納庫の面積が小さいことが分かる。新造時に装備されたカタパルトは時代を先取りするものではあったが能力不足で実用的ではなかった。近代改装で取り替えた新式のカタパルトによって航空機運用能力は飛躍的に向上している。

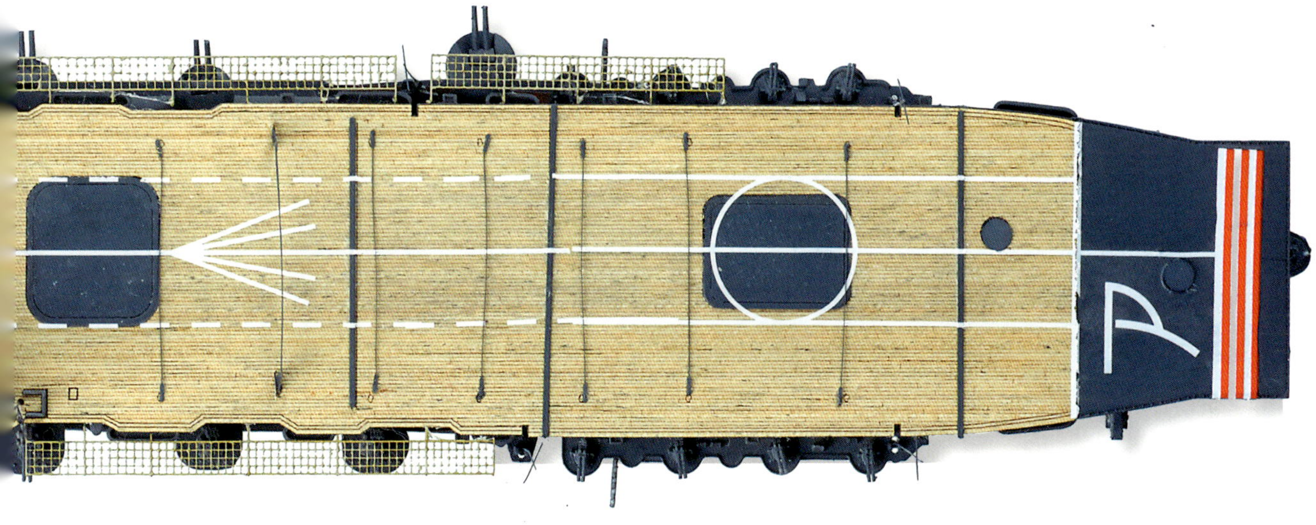

ブリスターのような造形がなされた。飛行甲板長については、「サラトガ」のみ艦尾側を幾らか延長している。

　次に「赤城」を見てみよう。竣工時は三段でありしかもいびつに入り組んだ船体の構成によりとても整っているとは言いがたいものだったが、改装後の飛行甲板外形はほぼ左右対称の綺麗で整ったものとなった。しかも、レキシントン級とは異なり大型煙突の重量を考慮し飛行甲板全体を左舷側にオフセットしてバランスを取っている。その結果、軽荷時でも船体が傾斜するなどの癖はなかったようだ。改装後の飛行甲板形状に関しては申し分ないと思うが、構造的にはレキシントン級のそれより工夫が見られない。飛行甲板の全通化以外の大規模な改装を見送ったため、構造自体には手を付けていない。前後に傾斜したままの前時代的な形状、艦尾側では旧来の飛行甲板の上にもう1枚重ねて水平化（？）を図った場当たり的な構造は首を傾げる部分である。レキシントン級と比較して飛行甲板は随分高く、艦首尾のオーバーハングした部分のサポートが長い支柱のみと言う点もいささか配慮を欠いている気がする。「加賀」の改装計画では艦首をエンクローズド化する案も出ていたが、実際は見送られてしまった。

　航空艤装についてはレキシントン級の方が優れているが、能力不足のカタパルトは航空機運用に寄与していないので大戦初期の段階ではイーブンであろう。格納庫については、エレベーターの数が3基の赤城の方が着艦した艦上機をすばやく格納庫へ収容できたと考えられる。ただ3基のエレベーターを設置することはそれだけ飛行甲板の強度を下げることでもあり、また格納庫の有効面積を減らしてしまうなどのデメリットも存在することは指摘しておきたい。

403 排水量制限枠内で試行錯誤された小型空母

「レンジャー」
飛行甲板／216×21.6m

アメリカ海軍航空母艦 レンジャーCV-4
コルセアアルマダ1/700レジンキャストキット
製作／村田博章

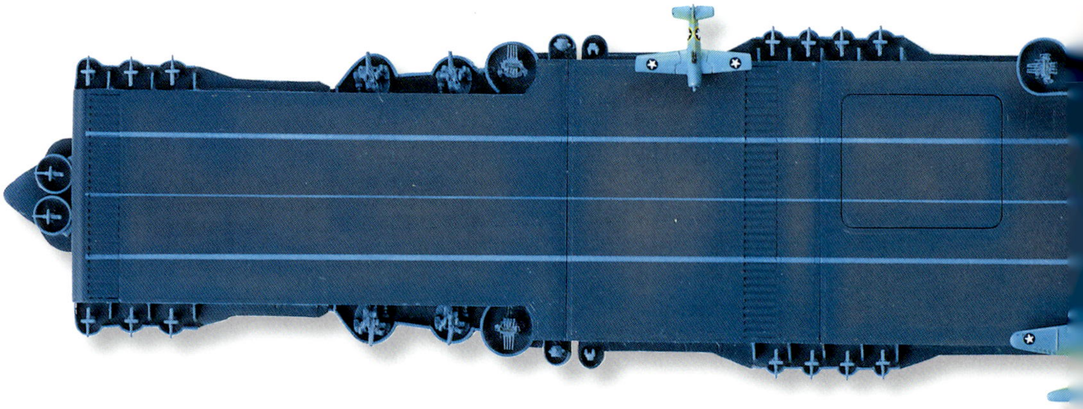

「龍驤」
飛行甲板／158.6×23m

日本海軍航空母艦 龍驤
フジミ1/700インジェクションプラスチックキット
製作／細田勝久

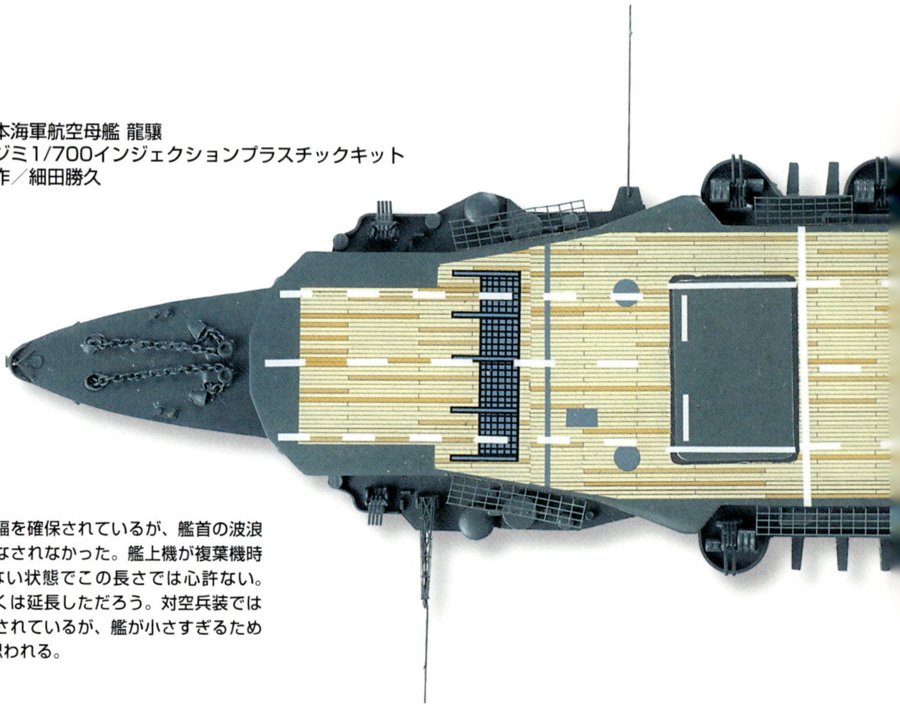

小型にも拘わらず飛行甲板は充分な幅を確保されているが、艦首の波浪を配慮したため艦橋前方への延長がなされなかった。艦上機が複葉機時代ならいざしらず、カタパルトがない状態でこの長さでは心許ない。1944年頃まで残存していれば恐らくは延長しただろう。対空兵装では赤城と比較すればバランス良く配置されているが、艦が小さすぎるため拡張性が乏しくこの状態が限界かと思われる。

「レンジャー」「龍驤」はほぼ同時期に最初から空母として設計された艦でありライバル関係にある。ただ、設計の背景や基本的なコンセプトは全く異なるものであった。両艦とも排水量制限はあるものの、空母として最初から設計しているので自由度が高く、両国ならではの発想と挑戦が盛り込まれている。

「レンジャー」はワシントン軍縮条約の空母保有枠からレキシントン級2隻を除いた残りの排水量の中で、レキシントン級並の搭載機数を確保しつつ隻数を揃えることをコンセプトに設計された。5隻が計画されたが計画途中で能力不足が判明したため1隻のみの建造とされ、浮いた保有枠は後のヨークタウン級に回された。

飛行甲板外形は矩形であり単純な構成とされた。後ろ側の三分の二はレキシントン級のそれと同様なレイアウトで左右はおおむね対称である。前側の三分の一ではレキシントン級のように艦首形状にならって細くなるものではなく、艦首側からの逆着艦を考慮して矩形とされた。四隅の高角砲座付近は砲の装備位置と射界確保の関係で幅が詰められていた。艦首側については当初レキシントン級を踏襲した外形も候補に上がったと思われるが、逆着艦という新しい試みが盛り込まれた。ただ、それに基づき矩形にする考えは波浪により飛行甲板を叩かれるというリスクを生むことになる。その対策として排水量制限という厳しい条件下であるものの、飛行甲板をレキシントン級より高めることで乗り切ろうとした。結果としては飛行甲板前端が波に叩かれ破損するような事故は起きていない。「レンジャー」の特長である煙突の配置は、メインデッキへ立ち上がる煙路が直立の煙突となって飛行甲板を貫く恰好になっている。

対空兵装は全方向をカバーできるレイアウトとなっており、バランス良く3段階の防御が機能している。飛行甲板の周囲はキャットウォークで囲まれており、ギャラリーデッキや飛行甲板上へのアクセスも優れていた。なお、起倒式煙突外周のキャットウォークは煙突と一体化しており、倒している時は煙突の下になり途切れてしまう。「レンジャー」では搭載機を増やす方策として、飛行甲板の周囲に飛び出した鋼材を数カ所設け、そこへ尾輪を載せて舷外へ駐機させる方式の設備を導入した。この設備はイギリスでも採用されているが、以後のアメリカ空母でも標準装備となった。

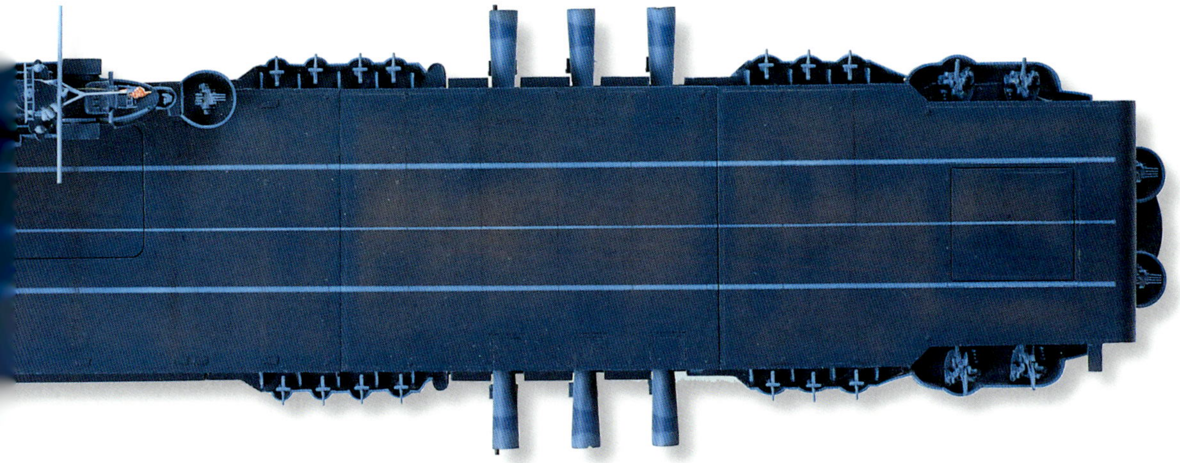

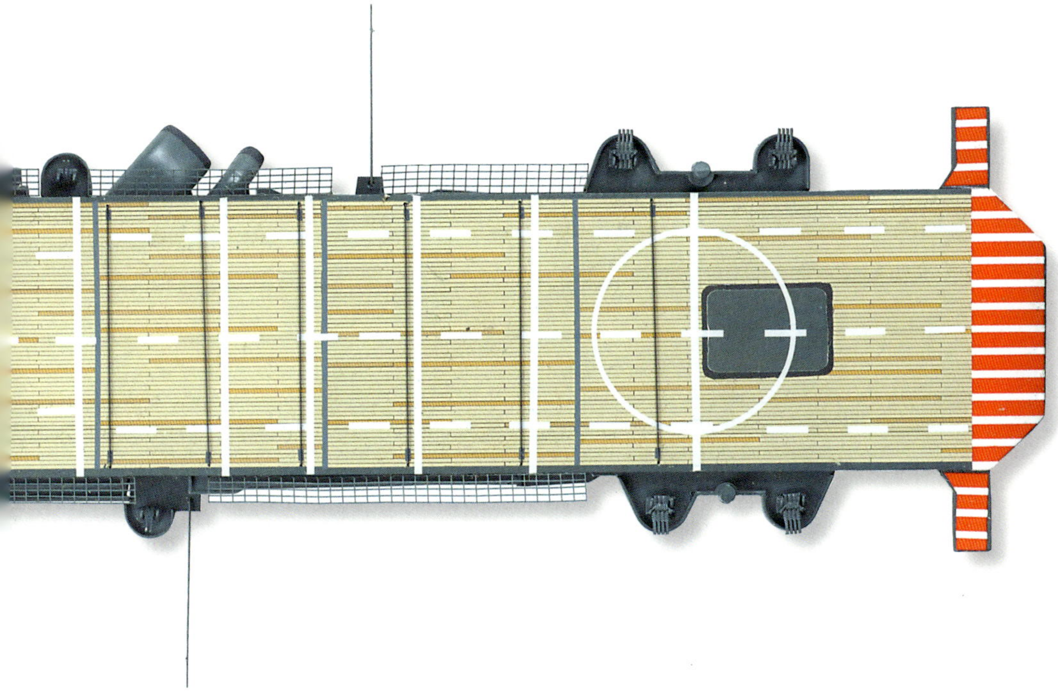

直立と言っても起倒式であるので倒した時の空間を埋める機構が取り付けられていた。単純に甲板の一部が跳ね上げ式になっているだけだが、同じ構造の「鳳翔」にはない工夫だった。エレベーターの配置は最大限に確保した格納庫平面を有効活用するためのものであったが成功ではなかった。後から設けられた航空管制用の小型の艦橋は飛行甲板の有効幅を阻害しているが、左舷側拡幅などの対策は採られていない。カタパルトも未装備であった。

「龍驤」はロンドン条約の空母保有制限外である10,000トン以内の艦として計画された。後の改正で制限を受けることになってからは「レンジャー」より厳しい排水量制限の中、正規空母としての能力を過剰に盛り込んだ欲張りな艦となった。飛行甲板形状は左右対称で艦首側は錨鎖甲板直後の航海艦橋までと短いものの、上広がりの格納庫を設置したことにより船体幅に比較して随分広い幅を確保している。この幅の広い飛行甲板は復原性や動揺性にはよくないと思われるが、水線部への大型バルジ装着やジャイロの装備によって一定水準に納まっていた。飛行甲板前端部と艦橋周辺は角張っていて無骨な「厳しい親父」のような雰囲気を持っていたが、第2次改装で艦首波の圧力を逃がす対策として艦橋前面に後退角を持たせた結果周辺は「やさしい翁」へと様変わりしてしまう。小さな船体の中で最大限の寸法を確保したエレベーターは格納庫の前後端に配置され航空機運用の効率化に寄与している。カタパルトを持たない小型空母で30～40機程度の艦上機を運用して機動部隊の一員として行動できたことは一定の評価を下していいだろう。ただしのちの艦上機の高性能化に対する対応は難しかったと考えられる。

404 中型空母の雛形

「ホーネット」

飛行甲板／248.07×29.73m

アメリカ海軍航空母艦 ホーネットCV-8
フルスクラッチビルド1/700
製作／遠藤貴浩

「蒼龍」

飛行甲板／216.9×26m

日本海軍航空母艦 蒼龍
青島文化教材社1/700インジェクションプラスチックキット
製作／細田勝久

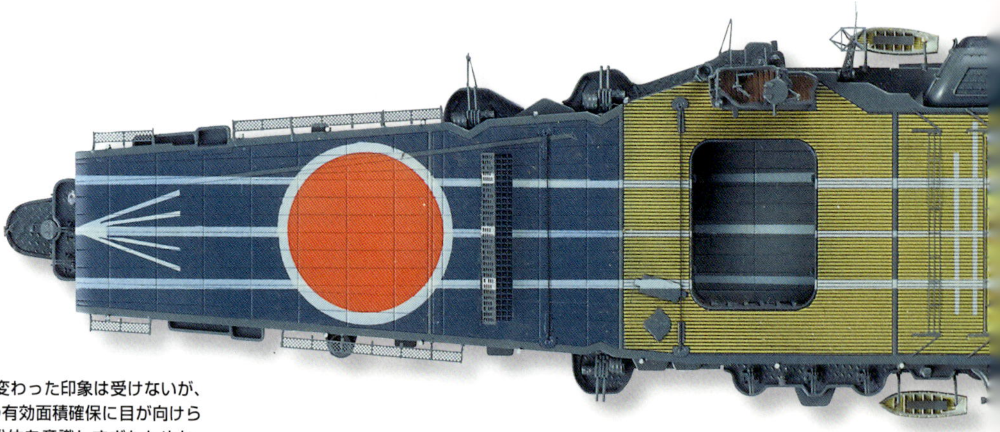

「蒼龍」の飛行甲板は「龍驤」までとさほど変わった印象は受けないが、武装の設置方法など改善が見られ飛行甲板の有効面積確保に目が向けられたようだ。ただ、艦首側については高速船体を意識しすぎたためか、錨鎖甲板までもスリムに設計してしまい凌波性は問題にならなかったものの波を被る傾向は強かったのではなかろうか。そのため飛行甲板も強度上細くせざるを得なかったと推察できる。

「レンジャー」は設計が進むにつれ性能が不充分であるとの意見が大勢を占めるようになり、当初計画の5隻建造から1隻のみへと縮小されることとなった。その空いた排水量枠を使って計画されたのがヨークタウン級である。ヨークタウン級は同時期の「蒼龍」「飛龍」と比べると中型空母の範疇には収まらず大型空母に近い存在である。

　画像を見てまず目に飛び込んでくるのが飛行甲板平面の大きさであろう。船体の大きさも「蒼龍」より一回り大きいことは一目瞭然だが、矩形である飛行甲板は船体のサイズを最大限に使った形状で合理的そのものである。綺麗な流線型の船体に有効な幅を確保した四角い格納庫、そして広々とした四角い飛行甲板の組み合わせが「レンジャー」以降のアメリカ空母の設計コンセプトとなっている。

　画像の「ホーネット」は「ヨークタウン」の実績を踏まえ飛行甲板の後端を5m程延長し、艦首側先端は有効幅確保のため台形から形状を改めた。

　基本的な外形は「レンジャー」のそれと大きな違いはない。飛行甲板の全体は長方形となっているが、右舷中央には艦橋と煙突がありその部分はギャラリーデッキと共に舷外へ張り出している。飛行甲板の中心線はおおむね船体と合致しているため、艦橋と言う障害物に対して有効幅確保のための張り出しを左舷側中央の広範囲に設けている。この左舷側の張り出し（膨らみ）は上から見ると小さく見えるが、飛行甲板の上で見ると相当な広さを感じるだろう。

　艦橋の舷外は当初ボートデッキとして

ヨークタウン級は「レンジャー」よりも飛行甲板の有効面積に対してシビアな設計がなされている。まず艦の中心線上に左右対称の矩形の飛行甲板を乗せた上で必要なところを拡幅して対応した形を取った。高角砲の配置も射界を確保しつつ「レンジャー」より外舷に寄せて飛行甲板に食い込まない工夫がなされた。アイランドも設計時から大型のものを盛り込んだので外舷にはみ出して置かれた。左舷側の膨らみは設計時点では恐らくアイランドのカウンターウェイトと言うより有効幅確保が目的だったように思われる。これは「エンタープライズ」の近代改装まで右舷への傾斜問題が解決しなかったことで判る。艦首部は波浪の影響を考慮して台形に絞っているが「ホーネット」では先端部を平行に改正しているので、ヨークタウン級の実績から波浪のリスクは低いと判断したのであろう。
飛行甲板を下から覗くとところどころぶら下がった箱型の部分があるがこれは全てギャラリーデッキの一部となっている。

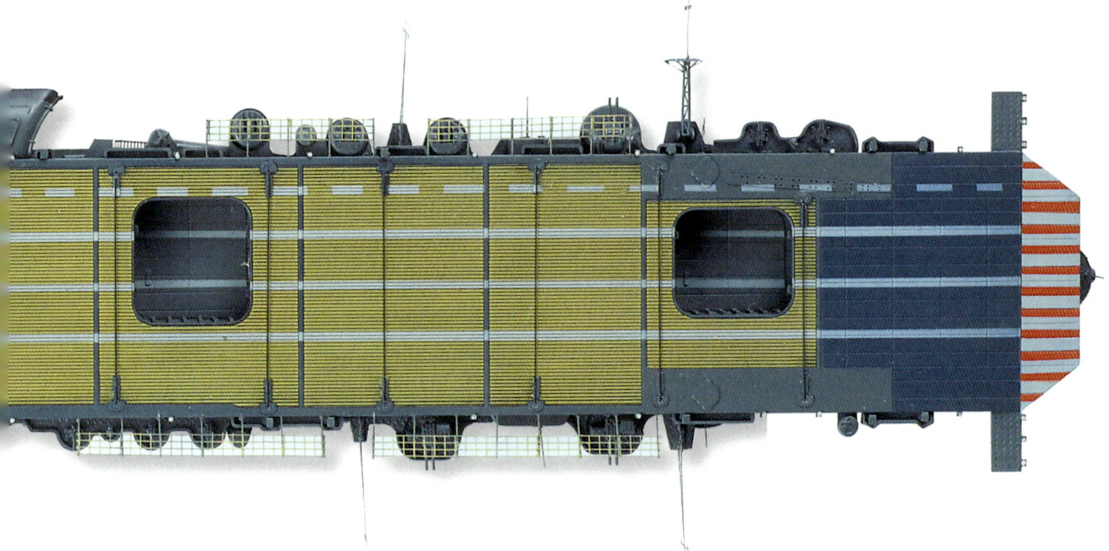

数隻の艦載艇を格納していたが、第二次大戦勃発後はもっぱら対空機銃の銃座と化し、最大11基のエリコン20mm機銃を搭載していた。左舷側の拡幅部分の構造は単純に飛行甲板が船体（格納庫外壁）からはみ出した形ではない。拡張部分すべてに及ぶわけではないが飛行甲板下にギャラリーデッキを伴っている。ギャラリーデッキという甲板を取り入れたのはアメリカ空母の特長だが、ヨークタウン級の場合、艦首飛行甲板下側にあるカタパルト機械用の膨らみや、艦尾直上にあるステージもギャラリーデッキレベルに構築されている。機銃座やキャットウォークは少し高い位置に設置されているのでギャラリーデッキへは下りの階段があちこちに配置されていた。

「蒼龍」を初めとする日本空母の飛行甲板は後ろ側三分の二はおおむね矩形となっている。艦首側に関してはどの艦も錨鎖甲板に倣う形で幅が狭くなっている。詳細な理由は定かでないが、船体自体が巡洋艦をベースにしており艦首を細く設計してしまったことが原因だろう。「飛龍」や「翔鶴」の様に錨鎖甲板を一層高めた艦は比較的広くなり随分ましにはなっているが、「蒼龍」や、改装空母である「瑞鳳」などは細く狭いものになってしまった。飛行甲板前端に対する波浪の影響を過度に危惧したためだろう。

アメリカ空母のように海面下は巡洋艦、ハンガーデッキから上は飛行機運搬艦という合理的な発想に到達できなかった日本海軍の頭の固さがもろに表れている部分でもある。

405 正規空母の完成形

「ハンコック」

飛行甲板／ 268×36.8m

アメリカ海軍航空母艦 ハンコック CV-19
ピットロード1/700インジェクションプラスチックキット
製作／市野昭彦

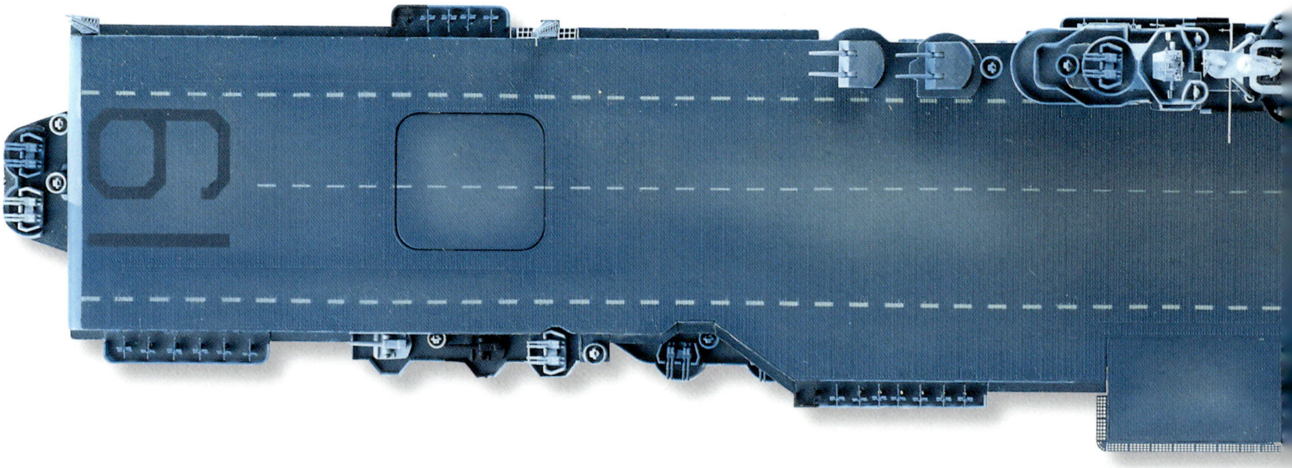

「大鳳」

飛行甲板／ 257.5×30m

日本海軍航空母艦 大鳳
フジミ1/700インジェクションプラスチックキット
製作／米波保之

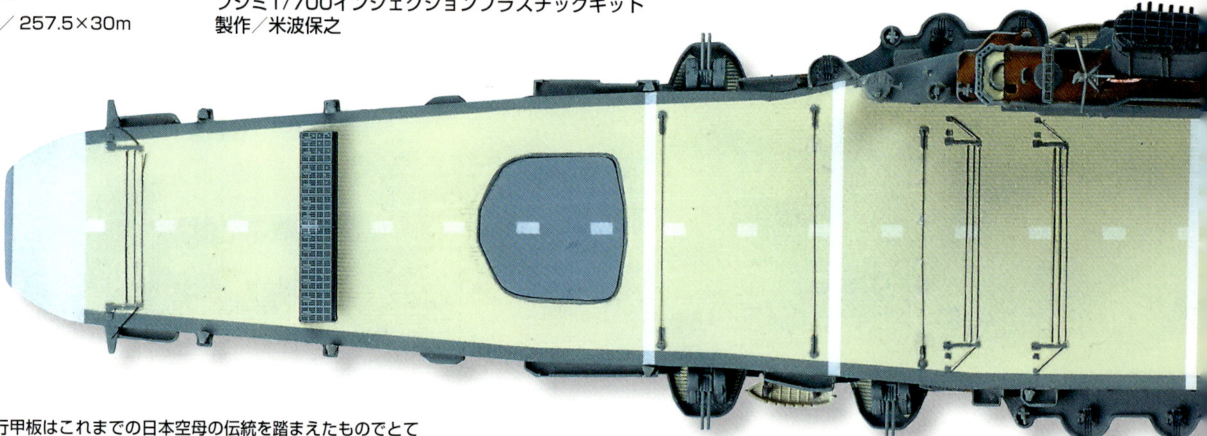

「大鳳」の飛行甲板はこれまでの日本空母の伝統を踏まえたものでとても整っているが、兵器としての使い勝手や航空機運用と言った空母のあるべき姿としては、アメリカ空母と比較して随分劣るものと言える。対空兵装の配置バランスにも不備があり拡張性の低さも見受けられる。カッコいい軍艦であることは間違いないが、実戦的かどうかは推して知るべしと言ったところか。

ヨークタウン級の実績と「ワスプ」による構造試験を経てスタークプランに基づき建造された大型艦隊型空母がエセックス級24隻である。大戦中に就役した17隻の内、対日戦には12隻が参加している。

まずエセックス級の飛行甲板の特長を一言で言うと「広いっ！」であろう。これは「ラングレー」以後培ってきた、空母とはかくあるべきと言う自信とアメリカならではの合理的な発想がもたらしたものと言えよう。

飛行甲板の外形から見ていこう。船体の中心線から左右対称の基本形が見て取れよう。右舷中央にはヨークタウン級以降採用された煙突一体型の大型アイランドを配している。アイランドの前後にはやはりヨークタウン級より採用している対空兵装が背負式に配置された。これまでであれば飛行甲板の有効幅を確保するため、舷外へはみ出す恰好で設置するのだが、エセックス級では重量物の舷外装備を避けて船体（格納庫壁）に面一とされた、右舷側は突起のない平面構成とされた。船体は真っ平らな壁面が多く対空兵装の設置場所にはことかかない。

左舷側は飛行甲板の有効幅を確保する目的はもちろんのこと右舷アイランドのカウンターウエイトとしての役割も持っており大きくせり出す構造となった。またアイランドの逆側の拡幅部には「ワスプ」で試験的に採用した舷外エレベーターを正式な水圧式リフトとして配置した。このリフトが現用のスーパーキャリアーに繋がる装備であることは言うまでもない。

飛行甲板の拡幅部及び艦首尾のオーバーハング部の構造は、ヨークタウン級のそれと同様にギャラリーデッキとセットになっており、右舷同様に兵装の設置場

工場から持ってきたベニヤ板を乗せて作ったような単純平面形状の飛行甲板がエセックス級の特徴である。ヨークタウン級まで苦労していた軽荷時の傾斜問題ほぼ解決したと言われるバランスの取れたレイアウトが見て取れる。空母とは艦上機を運用するための軍艦であるので、艦自体の安定性には最大限注意を払って設計される。飛行甲板周辺は対空兵装の増備スペースがたっぷりあり、射界が充分確保できた。1944年末からのオーバーホールの際、特攻機対策のために対空火器は強化されるようになった。

カタパルトについては新式のものが合計2基装備される。アメリカ空母は艦上機の露天繋止が原則であり、飛行甲板上が一杯の場合でも迅速に発艦させる狙いで格納庫にも横向きのカタパルトが1基装備された。ただこの格納庫からの発艦には制限が多く使われることも少なかったため、最終的には飛行甲板2基装備へ変更となった。当初はカタパルトを飛行甲板へ1基、格納庫へ1基、搭載していた前期艦も逐次改装されていった。

舷外エレベーターはパナマ運河通過時や荒天時の波浪対策として上方への折りたたみ機構が盛り込まれている。

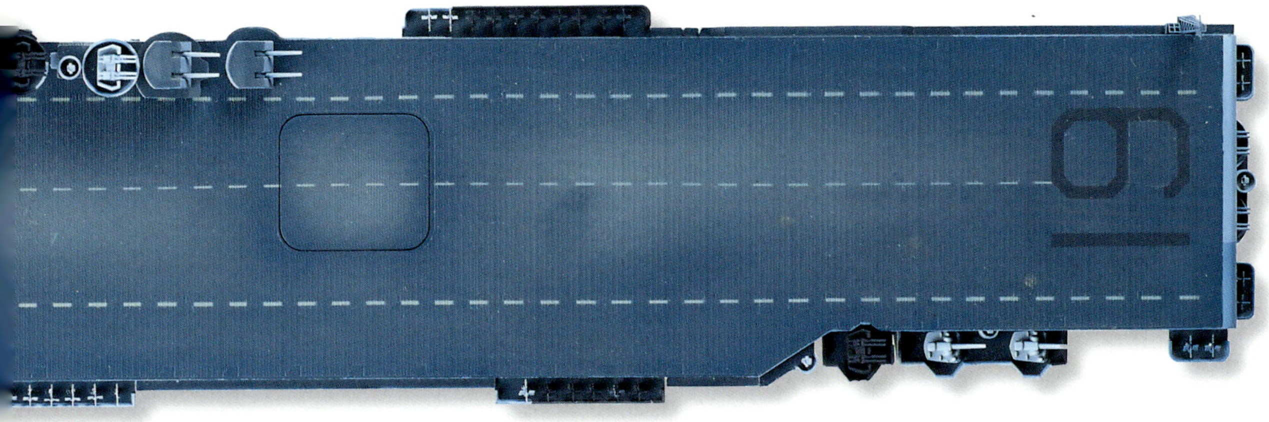

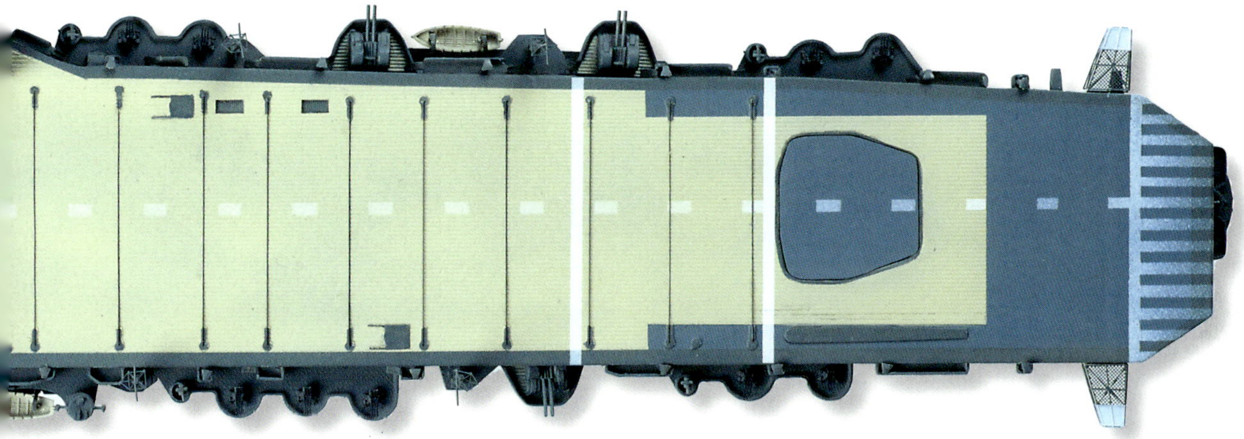

所としての強度は確保された。

高角砲の配置については「ワスプ」で見送られたアイランド前後に新式の5インチ連装両用砲を採用して、右舷艦首尾側は省略された。左舷側はこれまで通り5インチ単装砲を2基ずつ装備し、極力舷外に置くことで飛行甲板の幅へ影響しないものとした。

飛行甲板の前後端については初期の短船体型では艦首尾が隠れるまでまで延長しており有効面積確保は徹底している。画像の後期長船体型では艦首ボフォース機銃の射界確保と凌波性向上のため、艦首形状をクリッパー型に改めている。艦尾側も「レキシントンII CV-16」及び以後の後期艦は大型ブリスターを設置して後方へ張り出させ射界を確保し、前期艦も順次改装された。エレベーターは航空機の収容の高効率化を考慮した配置になっている。

「大鳳」は日本海軍における艦隊型空母の集大成として設計されたが結果として量産には至らず試作的要素の高いものとなっている。飛行甲板平面は「蒼龍」以降の正規空母のそれを踏襲しており、後ろの三分の二は概ね矩形となっているものの前側はやはり先が窄まった形を採っている。重量配分的には有効幅の確保からアイランドは舷外にはみ出して配置されたが、重い装甲甲板を左舷側にオフセットすることで対処している。エセックス級のようにシンプルな構造ではなく凝った作りだったといえるだろう。

エレベーターの配置も雲龍型量産空母同様2基装備とされ、艦上機の大型化による格納庫平面の確保のためとは言え運用上好ましいものではなかった。なお「大鳳」型の特徴ともいえる装甲飛行甲板は前後のエレベーター間のみであった。

406 他艦種から改装された高速軽空母

「モンタレー」

飛行甲板／ 168.3×22.3m

アメリカ海軍航空母艦 モンタレーCVL-26
ドラゴン1/700インジェクションプラスチックキット
製作／細田勝久

「龍鳳」

飛行甲板／ 185×23m（のちに飛行甲板を200mに延長）

日本海軍航空母艦 龍鳳
ピットロード1/700インジェクションプラスチックキット
製作／山崎 匡

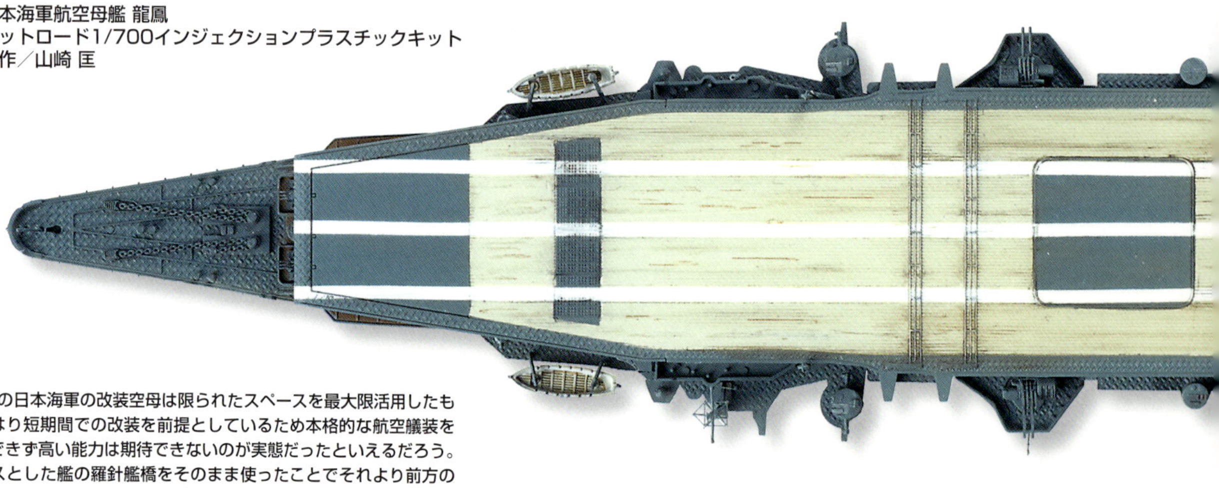

「龍鳳」などの日本海軍の改装空母は限られたスペースを最大限活用したものだが、やはり短期間での改装を前提としているため本格的な航空艤装を施すことができず高い能力は期待できないのが実態だったといえるだろう。また、ベースとした艦の羅針艦橋をそのまま使ったことでそれより前方の空間が全て無駄となり比較的大型の船体の割に有効活用できていないのが残念である。1944年以降新型艦上機運用を期して飛行甲板の艦首側を延長したが、カタパルトを実用化していない現状では効果は限定的であった。

ここに該当するアメリカ空母はインディペンデンス級とサイパン級である。サイパン級はインディペンデンス級とは異なりボルティモア級重巡洋艦の線図を使った新造空母であった。サイパン級は戦後の就役であるので軽空母としての役目を果たすことなく「サイパン」が通信中継艦、「ライト」が指揮艦として使用されたが早々に退役している。

インディペンデンス級はクリーブランド級軽巡洋艦の船体を流用した改造空母で船体は極めて細長いものとなっている。そこへ「レンジャー」クラスの飛行甲板を載せた空母としたため、いささか頭でっかちな印象となった。船体の項で紹介した通り大型のバルジを装着して復原性は確保されているが、強度不足の飛行甲板や諸設備の艦内配置に問題を多く抱えていた。

飛行甲板外形はアメリカ空母標準の矩形とされ、有効面積では艦としての限界一杯までのものを確保している。ただ、艦首側の幅が狭くなっている。これは艦型がクリーブランド級そのままで艦首幅が極端に狭いため、重いカタパルト装置を支えるには不充分との判断で飛行甲板面積減少を忍んだ上での処置であった。

艦橋は護衛空母と同程度の小型のものが右舷前方舷外に設置された。艦橋機能としては防空指揮及び操艦を行なうものとされ、航空作戦指揮などの機能はない。

煙突は軽巡時代のボイラーからの煙路を集合させることなく軽量構造で舷中央部に設置した。構造は至って単純で角断面のパイプを壁面から斜め上に出し、飛行甲板から離れたところで垂直に曲げた固定式4本煙突となっている。2群4本の煙突周囲には飛行甲板レベルのステージが設けられ駐機スペースやメンテナンスに

ここで紹介する2隻は戦時急造の軽空母として既存艦を改装したもの同士だが、艦上機運用に長けたインディペンデンス級が能力面でリードしている。
エレベーターの配置を見る限り格納庫の面積に差はないと思われるが艦上機の折りたたみ機能、駐機方法などにより搭載機数は1.5倍と優勢で、カタパルトによる航空作戦能力は2倍と言っても過言ではない。障害物となる艦橋構造物なども積極的に配置し、高速機動部隊としての作戦に寄与する努力が払われていた。
ただし元々艦が小型のため拡張性に乏しく対空兵装の増備やレーダー等の設置場所には苦労が見られる。既存の船体を利用した短期改装の限界が見て取れる。

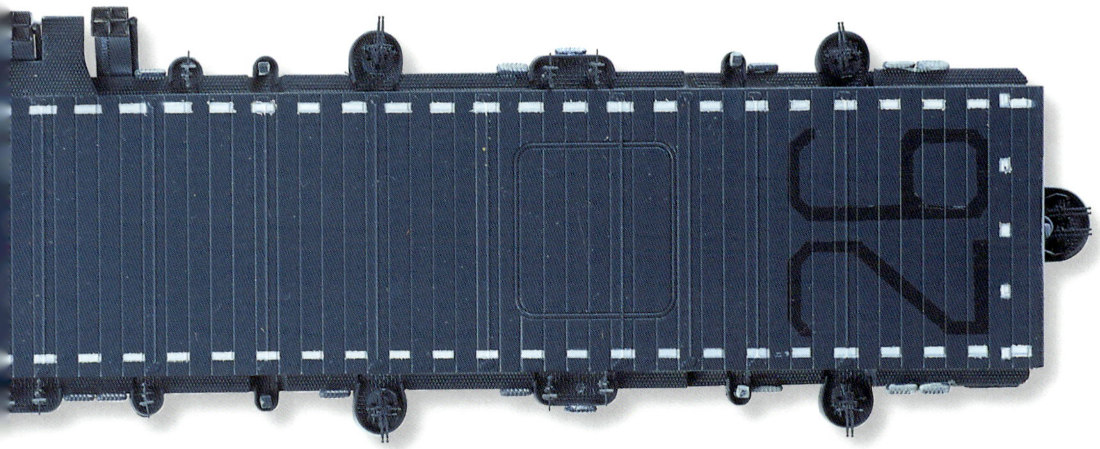

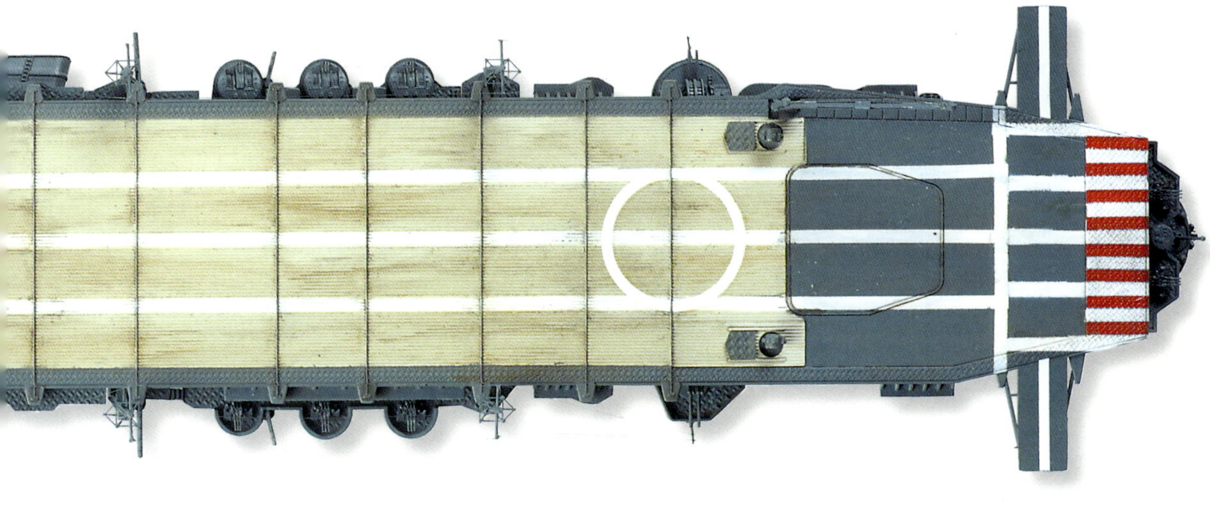

用いられた。

左舷側には艦橋部の有効幅確保のため及びエレベーター脇の艦上機の取り回しを考慮した張り出しを設けているがサイズ的に果たしてどの程度有効であったかは疑問である。

武装配置では、艦首尾のメインデッキ上に5インチ単装両用砲を装備予定であったが、効果が限定的との意見から2番艦以降ボフォース40㎜4連装機銃に置き換えられた。5インチ砲を搭載して完成した1番艦「インディペンデンス」も竣工後に40㎜4連装機関砲へと載せ替えている。

他の兵装も飛行甲板周辺にバランス良く配置され防空能力は一定以上確保されたが、飛行甲板の強度不足により以後の拡張性はほとんどなかった。

「龍鳳」を初めとする祥鳳型及び千歳型改装空母はインディペンデンス級より一回り大型の条約制限外補助艦艇として建造された潜水母艦などがベースとなっている。

飛行甲板はやはりこれまでの正規空母と同様におおむね矩形ではあるが艦首部のみ窄まった共通の形状である。有効面積はインディペンデンス級のそれと同様もしくはいくらか大きくなっているが、艦上機運用の考え方やカタパルトの有無により航空戦力としての能力はインディペンデンス級より劣っていた。

艦橋構造物は飛行甲板上に設置しない平甲板とされ、航空作戦指揮及び防空指揮は飛行甲板脇の露天艦橋で行ない、操艦は母体となった艦の羅針艦橋をそのまま飛行甲板下に残しそこで行なうものとした。短期間に空母化できる艦として戦前から準備した艦だが、いざ改装してみると空母としての能力は低くとりわけ拡張性が乏しかった。

407 商船から改装された小型空母

「サギノーベイ」
飛行甲板／144.5×24.4m

アメリカ海軍航空母艦 サギノーベイ CVE-82
フルスクラッチビルド1/700
製作／遠藤貴浩

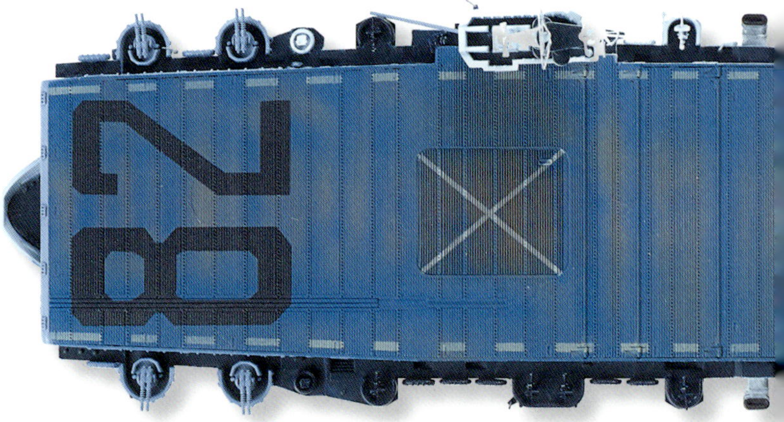

「大鷹」
飛行甲板／162×23.5m

日本海軍航空母艦 大鷹
青島文化教材社1/700
インジェクションプラスチックキット
製作／米波保之

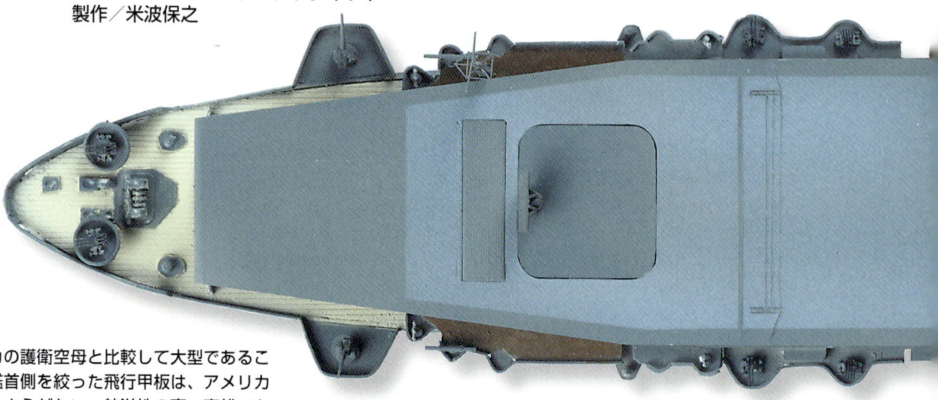

大鷹型などの商船改装空母はアメリカの護衛空母と比較して大型であることが判る。日本空母の特長でもある艦首側を絞った飛行甲板は、アメリカ護衛空母と比較して不合理としか言いようがない。航洋性の高い商船であるにも拘わらず艦首甲板より狭くする必要性はなさそうで、カタパルトを持たない低速空母が持ちうる可能性を自ら否定するような設計思想であり理解しがたい。ほとんどの期間、航空機運搬艦として使用されているがそれならばなおさら飛行甲板の面積を増やすべきだっただろう。

商船やタンカーから改装されたアメリカ海軍の護衛空母は4タイプある。最初に改装した「ロングアイランド」、イギリス海軍向けに建造したものを取得した「チャージャー」、そして本格的な改造を施したボーグ級及びプリンスウィリアム級。ボーグ級とプリンスウィリアム級はC-3型貨物船の船体並びに線図を使って建造された護衛空母だ。他にはタンカー改造のサンガモン級がありアメリカ海軍としては17隻の改装護衛空母を保有した。その有効性を認めたアメリカ海軍は、カイザー造船所へと一括発注したカサブランカ級50隻と、タンカーベースのコメンスメントベイ級35隻の新造護衛空母の建造を始めた。

アメリカの護衛空母は初期の2隻を除きほぼ共通の航空艤装を施した小型空母として建造されたが、C-3型貨物船を改装したボーグ級以前の艦は格納庫の床面が水平でないなど航空艤装レベルは低いものであった。サンガモン級以降の3タイプはハンガーの水平化は元より航空艤装は充分なものとなっている。インディペンデンス級の改装はサンガモン級をベースとしたとされ、航空作戦能力の高さはお墨付きであった。

飛行甲板外形はほぼ矩形でありシンプルそのものである。船体の配置も他の正規空母同様であった。元々航洋性を重視した商船船体でなので安定感には不足はなく艦橋を飛行甲板上舷外に設置したが重量への配慮や有効幅の確保は行なっていない。

船体容積が大きい商船ならではのことだが、全長の割に全幅が広く、飛行甲板

初期の２艦（「ロングアイランド」「チャージャー」」）を除いた各級は本格的な改造が施されたため、艦橋構造物､2基のエレベーター及び1基のカタパルトを標準装備とし航空作戦能力は充分なものとなっている。特に荒天時では元々商船であることによる高い航洋性が力を発揮し、インディペンデンス級を凌ぐ航空作戦能力を発揮していた。商船がゆえの船体幅から得られる復原性と低速を補うカタパルト装備が作戦能力を支えていた。

煙突は初期の２艦がディーゼル機関で、他は基本的に蒸気機関であったが低出力のため排気管程度のものが複数設置されていた。

飛行甲板外形ではボーグ級とカサブランカ級のみ理由は不明だが後端を絞っていた。

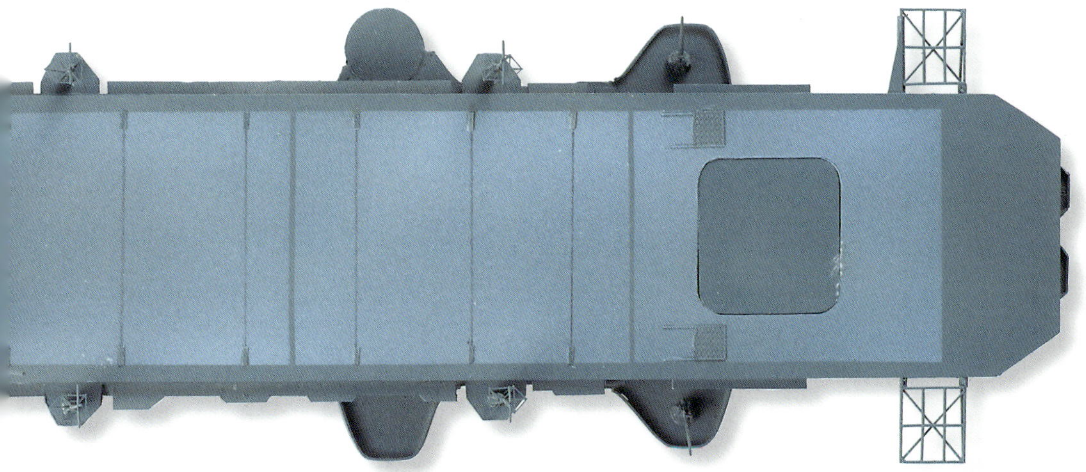

の有効幅も大きい。低速ではあるが新型カタパルトの恩恵は絶大で、フル装備のアベンジャー雷撃機が運用できることは特質すべきポイントであろう。

兵装については各級とも艦尾側に5インチ単装砲をメインデッキレベルに装備しているが、サンガモン級までは平射砲であった。カサブランカ級以降は5インチ両用砲となっている。

対空兵装はインディペンデンス級のものと同等の装備がバランス良く配置され比較的強力であった。

大鷹型を始めとする日本海軍の商船改装空母は豪華客船を改装したもので比較的大型の船体を持っていた。平甲板型を採用したため、飛行甲板は左右対称となっている。外形は「龍鳳」などと同様に艦首側が窄まった矩形で変化は見られない。このページで掲載した大鷹型のように艦首側の飛行甲板の幅をここまで絞り込む必要があるのかは疑問だ。規格化した飛行甲板を場当たり的に載せたような設計は感心できない。

艦の大きさに比して搭載機が多くないのは、客船時代の設備を多く残したためだが、飛行甲板の外形の不備と共に空母として有効的な改装が行なえなかったことに起因すると言えよう。

兵装については新型の高角砲の供給が不充分であったため、対空火力は低いものであり、後の改装でもバランスの良い配置はできていない。

エレベーターは2基設置されその間に比較的長い格納庫は確保しているがその幅は艦上機1機分でしかなく艦の大きさの割に有効なスペースは確保できていない。

5. アメリカ空母の艤装

501 改装され第一線にとどまる戦前型空母

サラトガ CV-3 1927

アメリカ海軍航空母艦 サラトガ CV-3
ピットロード1/700インジェクションプラスチックキット
製作／遠藤貴浩

飛行甲板上の装備では竣工時、縦索式だった着艦制動索は制動効果が不充分だったため早々に開発されたばかりの横索式に改められ、1942年の改装では逆着艦用として艦首側にも設置された。
エレベーターは艦橋脇に横長のものが設置され、その後方にはリフトからはみ出した機体の一部を通過させるための観音扉式開口部が設けられた。また、煙突脇には小型のものが設置された。
竣工当時は搭載機として水上機も混載しており、そのため艦橋前面には積み込み用のクレーンが装備されていた。また、艦首には水上機発艦用として弾み車式のカタパルトが装備され、水上機を移動するための軌条が4列敷設されていた。本艦のカタパルトは能力が低く実用的でなかったため早期に撤去されているが、軌条は最後まで残された。

サラトガ CV-3 1945

アメリカ海軍航空母艦 サラトガ CV-3
タミヤ1/700インジェクションプラスチックキット
製作／遠藤貴浩

サラトガは開戦直後の損傷修理の際に予定していた近代化改装を実施した。船体では艦首飛行甲板の拡幅及び右舷バルジの設置が行なわれた。装備関連では主砲の高角砲への換装と主砲指揮関連施設の撤去。レーダー他対空指揮関連設備の拡充。対空機銃の強化などが実施された。
航空艤装では艦首飛行甲板の拡幅に合わせて旧式のカタパルトを撤去し、艦首側に着艦制動索を設置したに留まった。
1942年後半の損傷修理に併せて28㎜4連装機銃がボフォース40㎜4連装機関砲へ換装され、エリコン20㎜機銃も増備された。

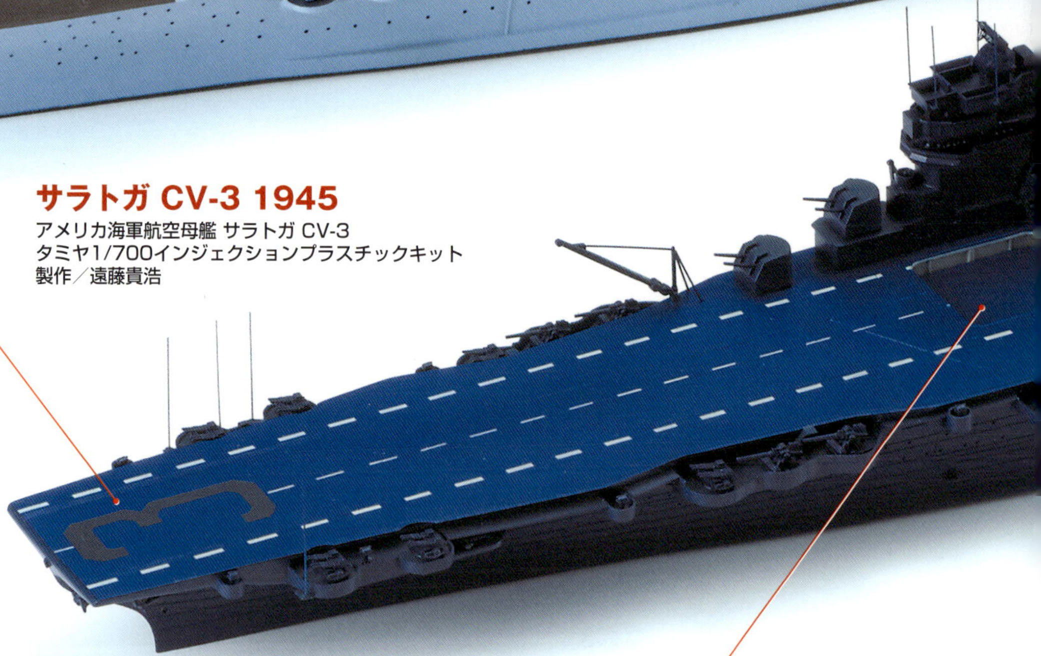

1945年初頭の特攻による損傷修理では、先の改装による艦の限界に鑑み練習空母への改装が行なわれた。特攻を受けた飛行甲板の張り替えに併せエレベーターの刷新を図った。後部の小型エレベーターは廃止の上ふさがれ、前部のものは変則な形状からエセックス級と同型のものへ変更した。他には外観的な変更はなされていない。

竣工時は三脚楼を備えた大型の艦橋と、大出力機関に対する16基のボイラーからの煙路を抱えた巨大な煙突が設置されていた。艦橋の前面と煙突の背面には、条約で搭載が許された8インチ連装主砲が背負式で連装砲塔として搭載された。そして主砲射撃指揮所が三脚楼上と煙突背面の櫓上に設置されその巨大化に拍車をかけていた。主力艦の面影を留めている設備としては艦橋中段に司令塔が設置されたおり、近代改装後も一部縮小したものの最終時に至るまで残されていた。これは改装後も羅針艦橋以下の基本構造に手を付けなかったためだ。

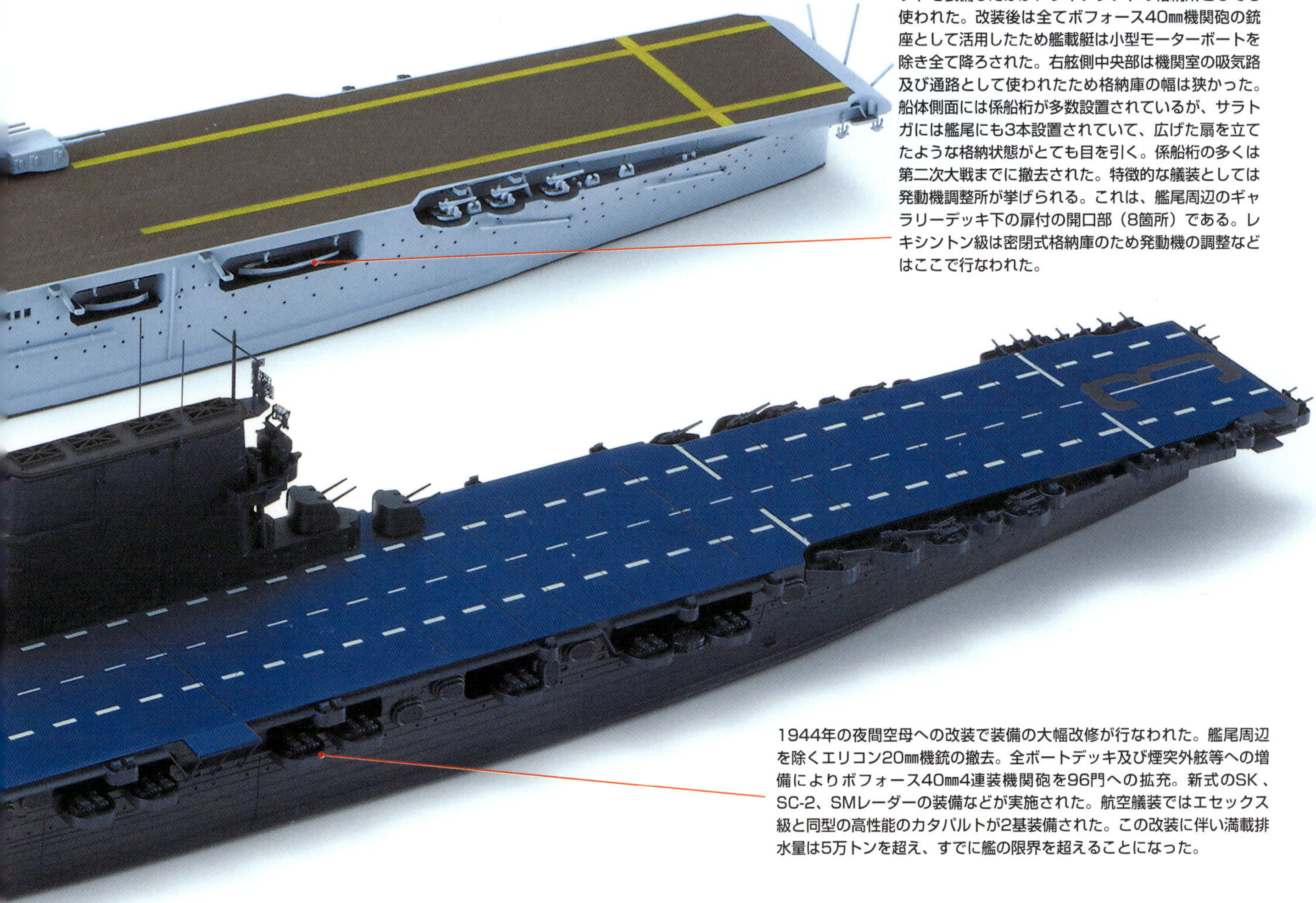

レキシントン級は格納庫が開放式ではなかったので舷側にはボートデッキなどが配置されており、その設置スペースが左舷側に4箇所、右舷側に1箇所設けられた。1944年の改装までは艦載艇の格納所としてダビッドを装備したほか、ライフラフトの格納所としても使われた。改装後は全てボフォース40㎜機関砲の銃座として活用したため艦載艇は小型モーターボートを除き全て降ろされた。右舷側中央部は機関室の吸気路及び通路として使われたため格納庫の幅は狭かった。船体側面には係船桁が多数設置されているが、サラトガには艦尾にも3本設置されていて、広げた扇を立てたような格納状態がとても目を引く。係船桁の多くは第二次大戦までに撤去された。特徴的な艤装としては発動機調整所が挙げられる。これは、艦尾周辺のギャラリーデッキ下の扉付の開口部（8箇所）である。レキシントン級は密閉式格納庫のため発動機の調整などはここで行なわれた。

1944年の夜間空母への改装で装備の大幅改修が行なわれた。艦尾周辺を除くエリコン20㎜機銃の撤去。全ボートデッキ及び煙突外舷等への増備によりボフォース40㎜4連装機関砲を96門への拡充。新式のSK、SC-2、SMレーダーの装備などが実施された。航空艤装ではエセックス級と同型の高性能のカタパルトが2基装備された。この改装に伴い満載排水量は5万トンを超え、すでに艦の限界を超えることになった。

アメリカ空母でいちばん長く第一線に留まったのが「サラトガ」である。1927年の竣工以来、幾度となく損傷し、その都度修理及び近代化改装を経て終戦まで生き抜き戦後はビキニ環礁で原爆実験に供された。

ここでは艤装の変化から見た「サラトガ」の一生を紹介しよう。

船体では艦首側飛行甲板の拡幅によるブリスターカバーの設置と、軽荷時の傾斜と排水量増加による沈下対策による右舷側の大型バルジ装着が挙げられる。

飛行甲板では艦首側の拡幅と艦尾側の延長が行なわれ、最後の損傷修理の際に後部エレベーターを廃止した上で前部エレベーターをエセックス級と同型に換装した。カタパルトも当初装備されたものが低性能だったため一度は撤去されたが1944年の近代改装時にエセックス級と同型のものを再装備した。着艦制動索は縦索式で竣工したが、就役直後に横索式へ変更した。

武装では8インチ連装主砲を5インチ連装両用砲へ、5インチ25口径高角砲は4基減載のうえ5インチ38口径両用砲へそれぞれ換装。中間兵装では1942年前半の修理で28㎜4連装機銃を設置し、1942後半の修理でボフォース40㎜4連装機関砲に換装した。また、1944年の夜間空母化改装ではボフォース40㎜機関砲を96門まで増強した。機銃では新造時のブローニング12.7㎜機銃は全廃して飛行甲板脇に銃座を新設した上でエリコン20㎜機銃を多数装備したがこれは1944年の改装の40㎜機関砲の大量増備の代償として艦尾周辺の16基を除き廃止された。

舷側にあるボートデッキは40㎜機関砲増備の際にすべて同銃座とされた。

上構では主砲を高角砲へ換装したため、艦橋上部の主砲指揮関連の設備が不要と成り三脚楼は撤去され、代わりにレーダー搭載用の単楼が設置された。艦橋構造物は航空作戦指揮及び防空指揮関連施設の拡充により一段高められ、中段の司令塔も側面装甲こそ撤去したものの残された。煙突は重量軽減のため、ブローニング機銃を装備したステージから上を撤去して高さを低くしている。

502 エレベーターのレイアウト

空母におけるエレベーターのレイアウトは、艦上機運用の効率を左右する重要な案件である。ヨークタウン級までは何かしら不都合を抱えており、一応の完成はエセックス級まで待たねばならなかった。

アメリカ空母の艦上機は飛行甲板上への露天繋止が原則となっているので、艦上機の運用状況によっては残りの艦上機を後方に駐機させた状態で飛び越えて着艦することも有る。そして速やかに格納庫に降ろし補給をした上で再度飛行甲板に上げる。このような流れを見ると自ずと理想のレイアウトが見えてくる。数についてはエレベータースペースが格納庫の面積を消費してしまうため、むやみに増やすこともできない。そこで考案された舷外エレベーターは運用効率を優先した数の増加と格納庫面積を確保するという一挙両得のアイデアだったと言えるだろう。

配置についてはエレベーター自体の強度問題や着艦制動索の配置との絡みでどこでも良いとも言えずレキシントン級や「レンジャー」では苦労の跡が見えている。現用空母に於いては舷外配置は当たり前と成り、飛行甲板内のエレベーターは余り見られなくなった。身近なものでは護衛艦ひゅうが型といずも型には残されている。

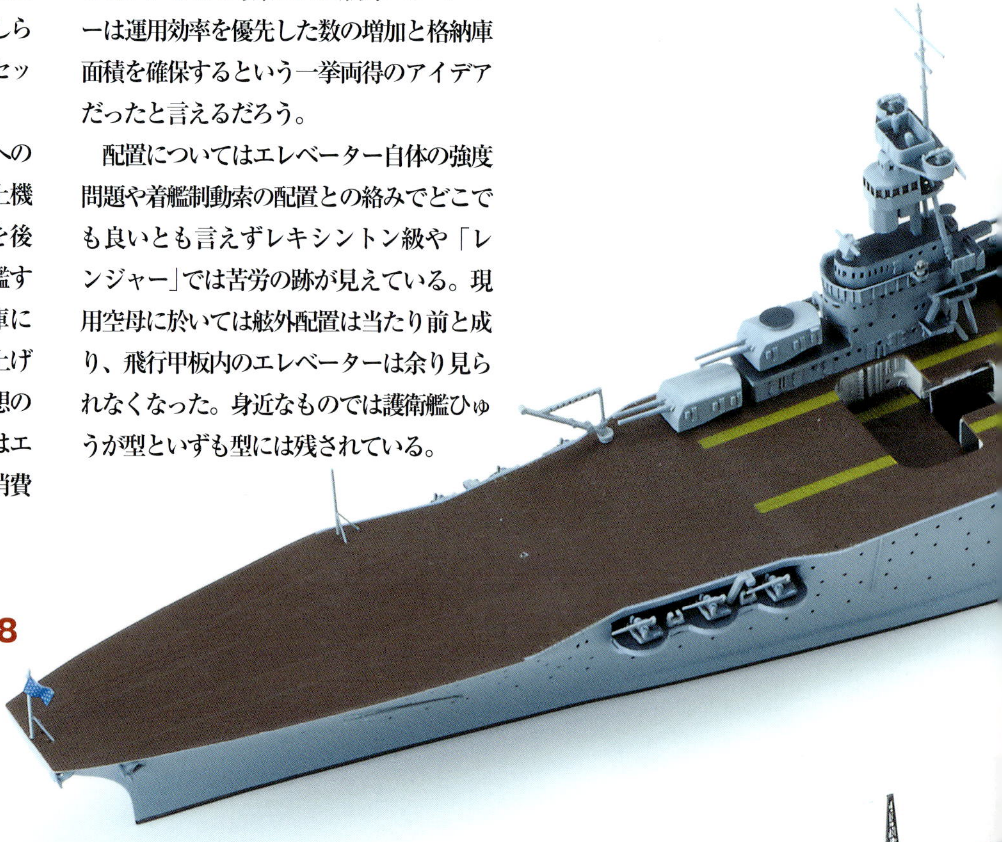

レキシントン CV-2 1928
（レキシントン級）

レキシントンII CV-16 1944
（エセックス級）

レキシントン級ではエレベーター自体の強度への不安と当初縦索式の着艦制動索であったことに加え、格納庫面積が小さかったために2基の配置は中央部に寄っていた。後部のサイズが小さいところからも強度とリフト能力を天秤にかけていたと推察できる。また、前部リフト形状がなぜこのような横長になり、強度上さらに不安が出そうな“逃げ道”まで設けたことは設計のコンセプトを聞きたいところである。「レンジャー」で生じた不都合は、前部のエレベーター配置が後ろよりのため格納庫のスペース効率が悪く、ヨークタウン級では前部エレベーターを前よりに移動させた。ヨークタウン級で最前部の配置は理想的と思われたが、後部のエレベーターは使い勝手の良くないものだった。「ワスプ」では全長が短いことで配置に苦労があった。エレベーターは3基が必要だと考えられたため飛行甲板に2基配置し、もう1基を舷外に簡易的なものを配置した。エセックス級のレイアウトは現用空母に繋がる先駆けとなるものであった。舷外エレベーターは、実際は「ワスプ」の設計の際に格納庫面積確保と運用効率のはざまで考案された苦肉の策であったが、それを有効と判断するやエセックス級では本格的なエレベーターを開発、装備した。これはまさにアメリカの柔軟な発想力の賜であろう。また、強度や能力の向上は艦上機の大型化とともに強化される。時代が進むにつれてエレベーターのサイズも大きくなり使い勝手はさらに良くなっていく。なお、ヨークタウン級までの最後部のエレベーターを舷外に移した理由は、搭載機を露天駐機した状態での使用に支障があるからである。

アメリカ海軍航空母艦 レキシントン CV-2
ピットロード1/700インジェクションプラスチックキット
製作／村田博章

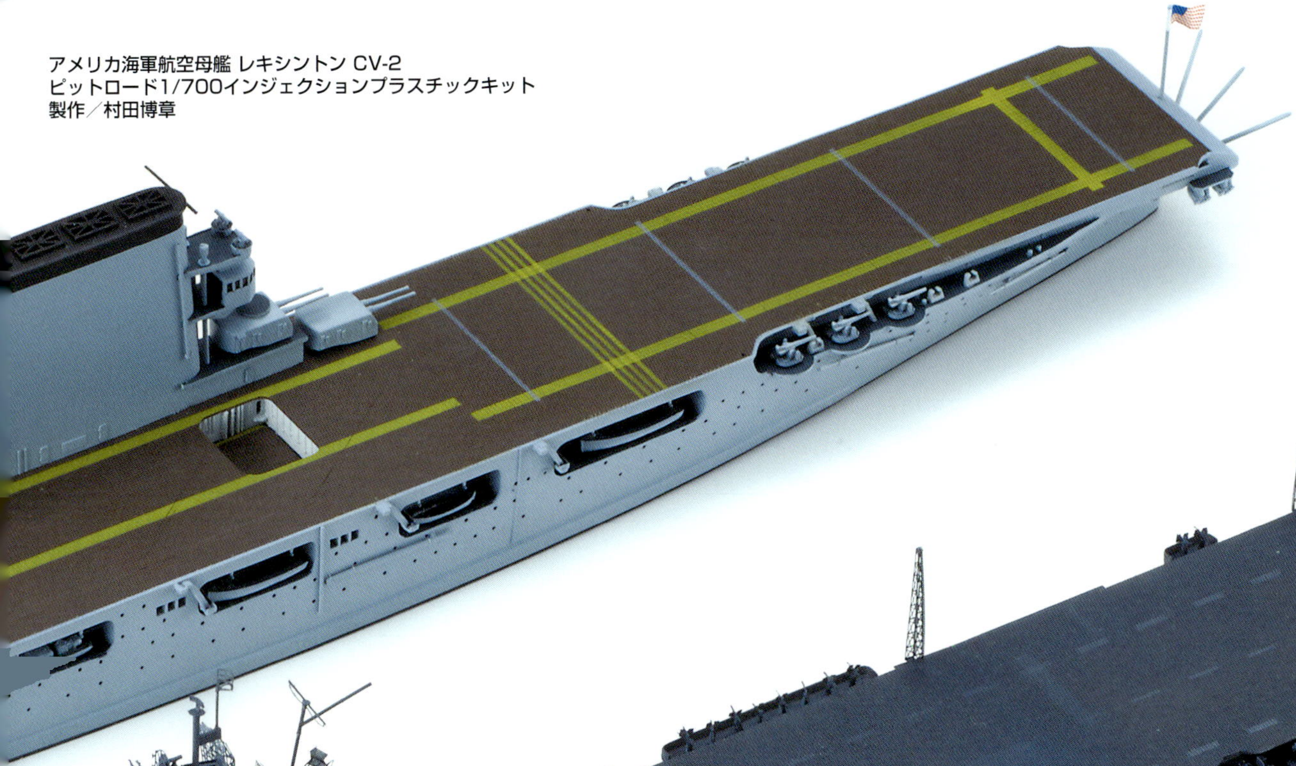

アメリカ海軍航空母艦 レキシントンII CV-16
ピットロード1/700インジェクションプラスチックキット
製作／川合勇一

エセックス級

舷外エレベーターの先駆けとなった「ワスプ」だが、これはもともとスペース的に3基配置することが出来ないという現実から考案されたものであった。当時舷外用のエレベーターはなく、「ワスプ」では本格的なものは装備できなかった。そこで簡易的ながら当時の艦上機の昇降が可能なパンタグラフ式を採用した。装備位置については、左舷中央部は飛行甲板の膨らみがあるためアームを長くする必要が生じ、やむを得ず前方に配置された。正式採用したエセックス級では、左舷飛行甲板中央の拡幅部へ装備された。船体側面にガイドレールを装着してワイヤーを使って昇降させるもので、飛行甲板の張り出し部でも切り欠くことで設置でき、配置の自由度は格段に向上している。これは初期のスーパーキャリアーがアングルドデッキ部分に配置していることからも判る。後部エレベーターは戦後ジェットの運用が始まると強度問題が発覚して、攻撃型空母として残ったエセックス級の近代改装では右舷後方舷外へと移設された。

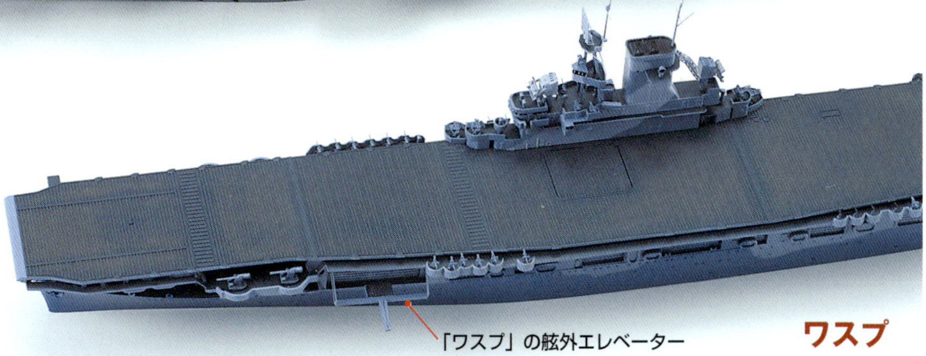

「ワスプ」の舷外エレベーター

ワスプ

503 飛行甲板の標識

エンタープライズ CV-6 1938

アメリカ海軍航空母艦 エンタープライズ CV-6
タミヤ1/700インジェクションプラスチックキット
製作／村田博章

エンタープライズ CV-6 1942

アメリカ海軍航空母艦 ヨークタウン CV-6
トムスモデルワークス1/700レジンキャストキット
製作／村田博章

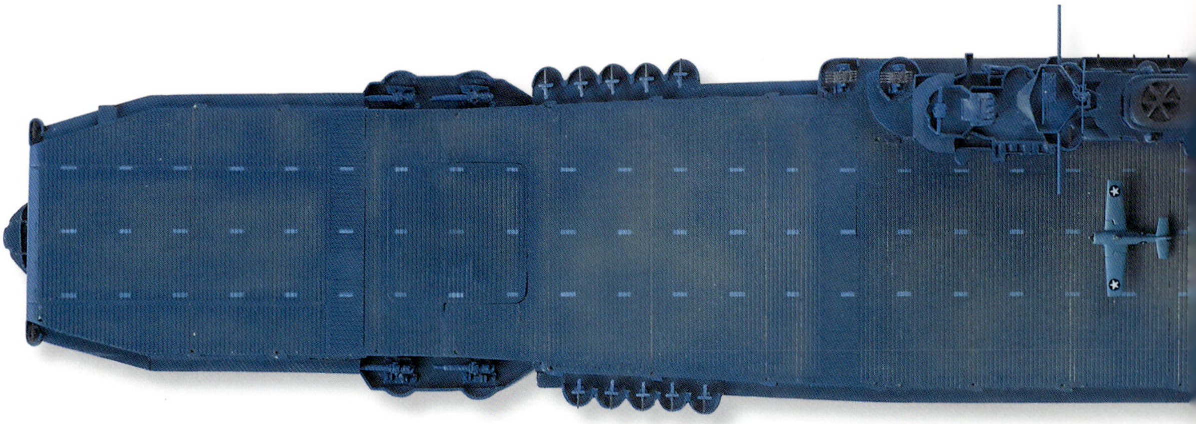

エンタープライズ CV-6 1944

アメリカ海軍航空母艦 エンタープライズ CV-6
トムスモデルワークス1/700レジンキャストキット
製作／遠藤貴浩

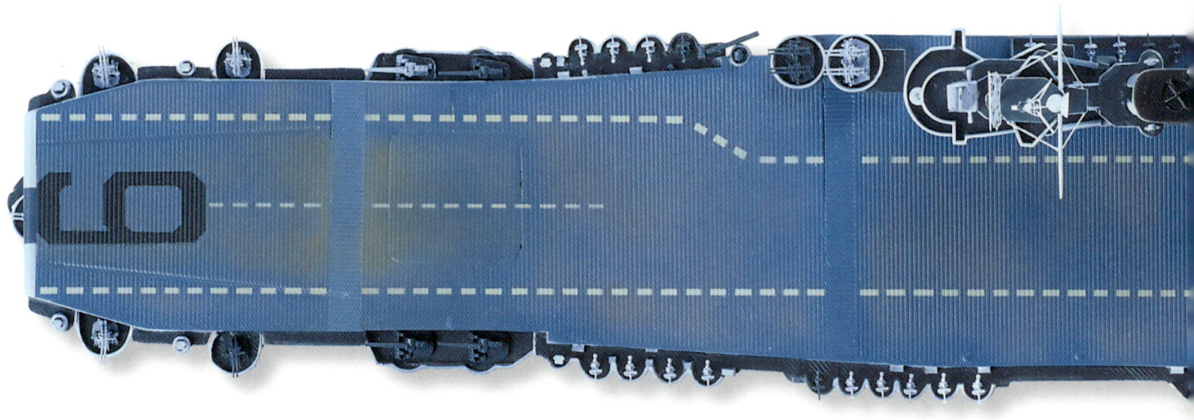

画像では薄青い色に塗られているが、フライトデッキステイン自体紫外線に弱く発着艦の摩擦にも弱いので退色が激しく、実際はこのような青い状態は1週間程度だったようだ。

戦前の飛行甲板はマホガニーステインという赤茶色の塗料(染料？)で色付けされていた。そこへ黄色の太いラインが縦に2本横に4本引かれ発着艦の誘導等に用いられていた。センターに細いラインを入れている艦、時期もあり限定するにはリサーチが必要となる。当時のカラー画像によると黄色は比較的濃い色調で鮮明に引かれ、塗りたてかもしれないが擦れもない状態が見て取れる。
「レキシントン」から「ワスプ」までは艦首尾に個艦を示す略称が同じく黄色の塗料で記入されていた。なお「ラングレー」と「ホーネット」は確認できる画像や資料が見当たらない。
戦前の塗装に於いては、木以外の水平面（甲板面）を濃いグレーで塗ることが定められているが、空母の飛行甲板のみ赤茶色を使うとされた。当時の画像を見ると不鮮明ながら周囲(スパンウォーター)は赤茶色ではなく、キャットウォークなどと同じ濃いグレーであろう。例外的に飛行甲板前後端のRが付いている部分は、Ms. スキームが採用されてからも船体色とされた。側面からも見えるからなのであろうか？

個艦略称
レキシントン／LEX
サラトガ／SARA
レンジャー／RNGR
ヨークタウン／YKTN
エンタープライズ／EN
ワスプ／WASP
ロングアイランド／LI

第2次大戦開戦後の飛行甲板は赤茶色から濃いブルーグレーに塗り替えられた。色調に明確な規定はなかったらしく、いわゆるデッキブルー的な色が使われた。
ガイドラインも黄色からグレーへと変更になり引き方も細い実線もしくは破線が3本とされた。破線のスパンはタイタックプレート（艦上機の固定用ワイヤーを引っかける設備）の間隔とされた。個艦の違いについてはこの時期の資料画像が乏しく特定には至らないケースが多い。
個艦を表す略称は太平洋艦隊では開戦に合わせて廃止されたが、大西洋で行動していた「レンジャー」のみ1943年ごろまで残された。

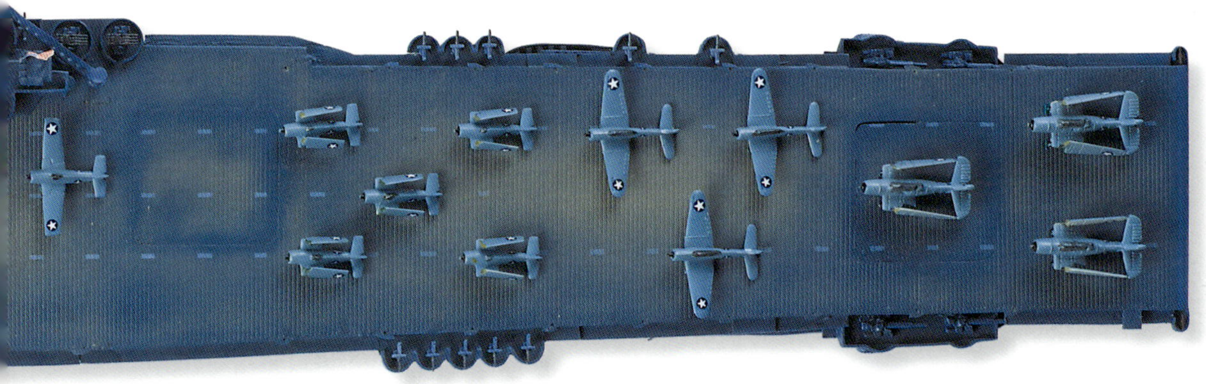

1943年から導入されたMs.3_迷彩と同時期のNs.2_迷彩では新たに制定したフライトデッキステイン#21を飛行甲板塗色として用いられた。ガイドラインはライトグレー(後に白)でセンターに細い破線、サイドを太めの破線を引くようになる。サイドラインは構造物に沿って引かれており、着艦の際障害物のアラームとしての機能を持たせていた。このスキームに併せて飛行甲板外の水平面は統一の20-Bデッキブルーが正式に用いられた他、艦番号が艦首尾に黒（一部白縁付もある）で書かれた。なお、艦番号は原則艦首尾の中央に記入されるのだが、着艦時に読める向きで描かれた。例外的に艦首のみの艦も存在する。初期は艦首が後ろ向きに書かれていた。

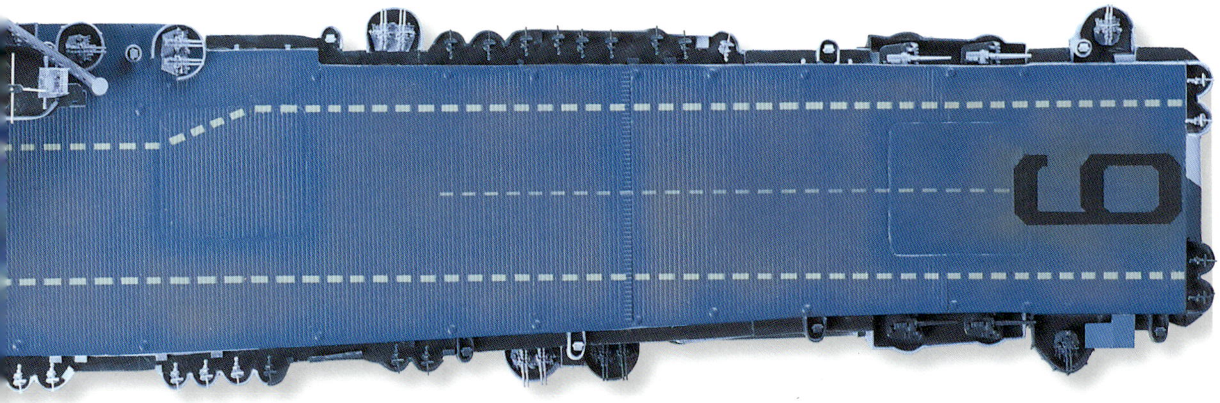

504 対空火器

▼ブローニング12.7mm機銃は航空機の主力火器として高い信頼を得ていた機銃であり、これを艦載用として水冷化したものが大戦前のアメリカ艦には搭載されていた。「レンジャー」の竣工に合わせて搭載したのを皮切りに、レキシントン級、ヨークタウン級、「ワスプ」に近接防御として多数搭載した。実戦では威力不足を指摘されており、1941年からエリコン20mm機銃への換装が始まったものの配備の遅れやブローニング機銃の高い信頼性から換装は進まずミッドウエー海戦ごろまでは混載していた。

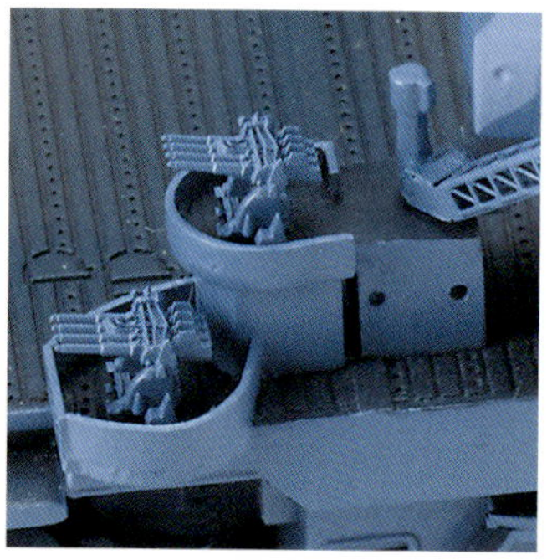

◀28mm4連装機銃（通称“シカゴオルガン”）はヨークタウン級と「ワスプ」の竣工時から搭載した中距離対空機銃である。射撃中、オルガンが奏でるような音がすることからその通称が付いたとされている。ただ、重量が重く発射速度が遅いのが弱点で、1942年以後はより高性能の40mm機関砲への転換が図られた。その間、レキシントン級、「レンジャー」へも搭載され初期の主力艦の中心的中距離火器としてシェアを拡大していった。

アメリカ海軍航空母艦 エンタープライズCV-6
タミヤ1/700インジェクションプラスチックキット
製作／村田博章

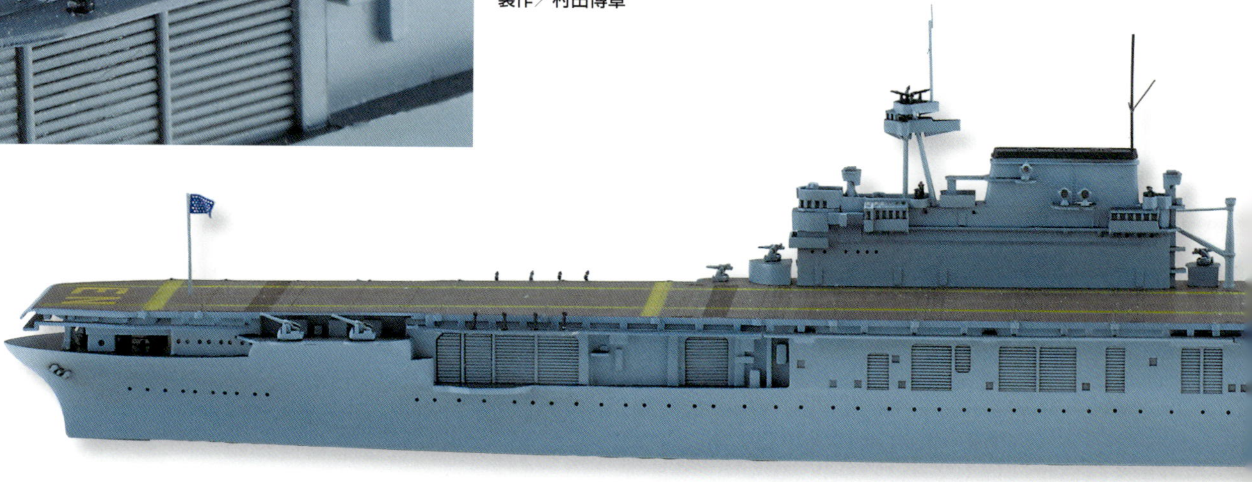

◀エリコン20mm機銃はスイスのエリコン社からのライセンス生産品で、ブローニング12.7mm機銃の後継機として採用された。有効射程、威力共に不充分ではあったが、単装で振り回すことが出来、銃弾をばらまくと言う射撃に向いていた。1941年以降換装が進められたが配備の遅れから1942年後半まで完全に行き渡っていなかった。1942年以降の新造正規空母には標準装備として50～60基、軽空母には20基程度搭載された。1945年に入りオーバーホールを実施した艦には全てを連装化する艦も見られた。
因みに、日本海軍の零戦が搭載した20mm機銃もエリコン社のライセンス品であり同系統のものである。

アメリカ海軍航空母艦 ワスプCV-18
ピットロード1/700インジェクションプラスチックキット
製作／遠藤貴浩

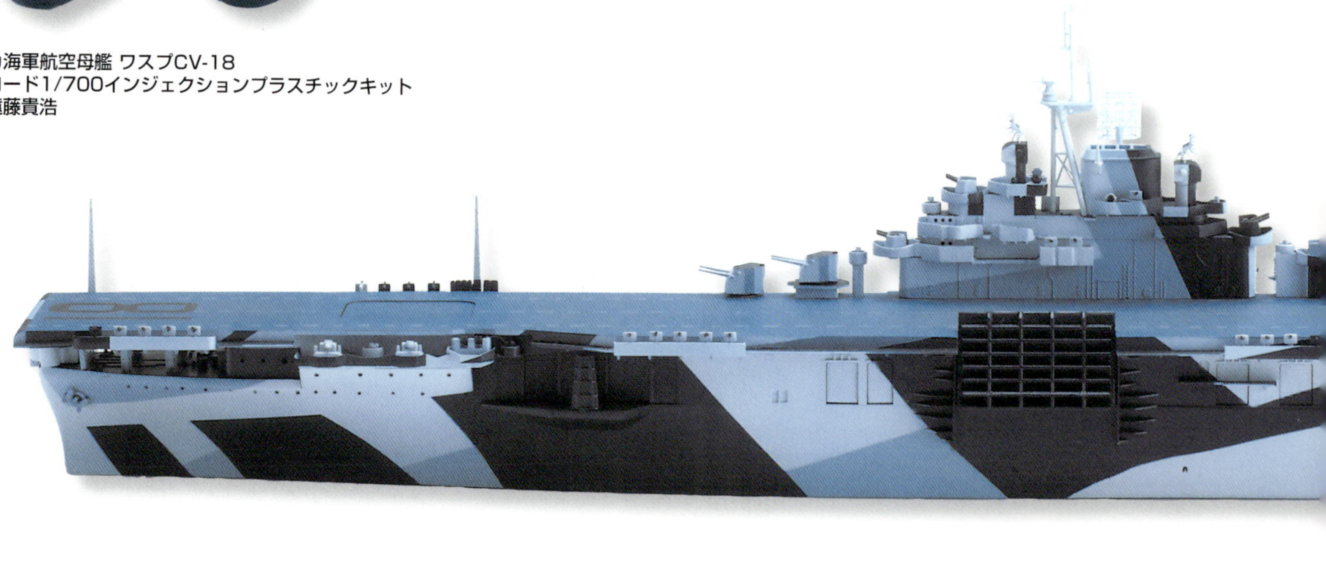

アメリカ空母の対空兵装は基本的に3段階のゾーンによる対空防御が求められていた。5インチ（12.7cm）砲による遠距離、28㎜機銃または40㎜機関砲による中距離、そして12.7㎜機銃または20㎜機銃などの小口径機銃による近距離という3段階を指す。そして大戦末期には特攻機対策として発射速度の早い3インチ（7.6cm）速射砲も追加された。年代によってその組み合わせは多岐にわたり綿密なリサーチが必要となろう。

5インチ砲は3種類存在し、レキシントン級と「レンジャー」は手動式の25口径単装高角砲が、ヨークタウン級以降及びカサブランカ級は水圧式の38口径単装高角砲が搭載された。ヨークタウン級のみベースの形状が違う初期タイプであった。「サラトガ」の改装後とエセックス級のアイランド周辺には38口径連装高角砲が搭載された。

5インチ高角砲は高射装置がセットになっており、Mk.19、33、37の3種類が使われた。エセックス級の単装砲については機銃射撃装置Mk.51で代用していた。

なお、初期の護衛空母が搭載した5インチ砲は対潜用の51口径の平射砲だった。

中距離防御用としては2種類存在し、「ホーネット」までは28㎜4連装機銃（通称“シカゴオルガン”）が、「サラトガ」「エンタープライズ」の改装後とエセックス級、インディペンデンス級、ボーグ級以降の護衛空母はボフォース40㎜連装及び4連装機関砲が搭載された。これらも射撃装置とセットで装備されている。

近接防御としては、「ワスプ」まではブローニング12.7㎜水冷式機銃が、1942年以降はエリコン20㎜機銃が追加された。一部の艦では艦橋部に7.7㎜機銃を搭載したものがあるが詳細は不明である。

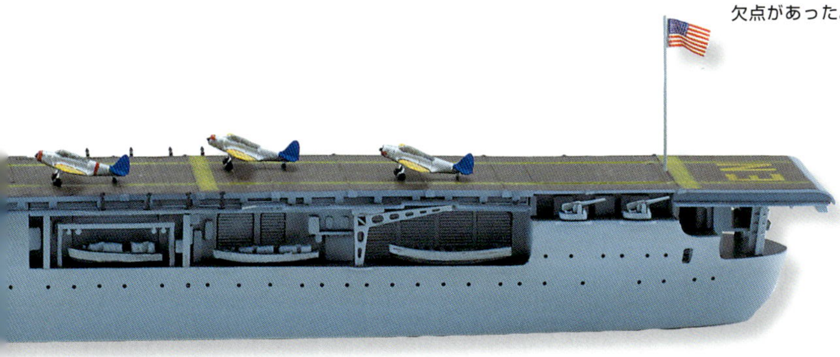

◀アメリカ空母が搭載した5インチ単装高角砲は2タイプあり、「レンジャー」までが25口径単装高角砲、ヨークタウン級以降が38口径単装高角砲である。
25口径砲はアメリカ海軍の標準的な対空砲で発射速度などは優秀であるが射程が短い欠点があった。「サラトガ」のみ高性能の38口径砲に換装された。ヨークタウン級、エセックス級及びカサブランカ級は高性能の38口径単装高角砲を搭載して竣工している。38口径砲は発射速度が高く精度も優れるなど高く評価されている。また、近接信管（VT信管）の登場はさらにこの兵器の有効性を高めることになる。

▲5インチ38口径連装高角砲はエセックス級の新造時からと改装後の「サラトガ」に装備された。艦橋構造物の前後に背負式に搭載して全周をカバーしている。砲自体は単装砲と同じものを連装化したもので、スプリンター防御としてのシールドを装着したに過ぎない。同型の連装砲には軽装甲を施したものもあるが、この場合は弾片防御用のカバーであった。
この5インチ連装高角砲はMk.4レーダー付Mk.37射撃指揮装置と連動しており、精密な射撃が可能であった。

▼ボフォース40mm機関砲はアメリカ海軍主要中距離対空機銃としてスウェーデンのボフォース社からのライセンス生産品で、1942年後半から配備が始まっている。単装、連装、4連装があり、正規空母では4連装が、軽空母では連装が多用されている。ボフォース40mm機関砲は発射速度、射程、打撃力共に高性能であり艦隊防空に力を発揮した。大戦中次第に装備数を増加させたアメリカ空母はエセックス級で64～72門、「サラトガ」に至っては96門も搭載していた。軽空母では拡張性のなさから連装を8～10程度となっている。
なお、本機銃は28mm機銃と共に射撃指揮装置とセットで運用される。

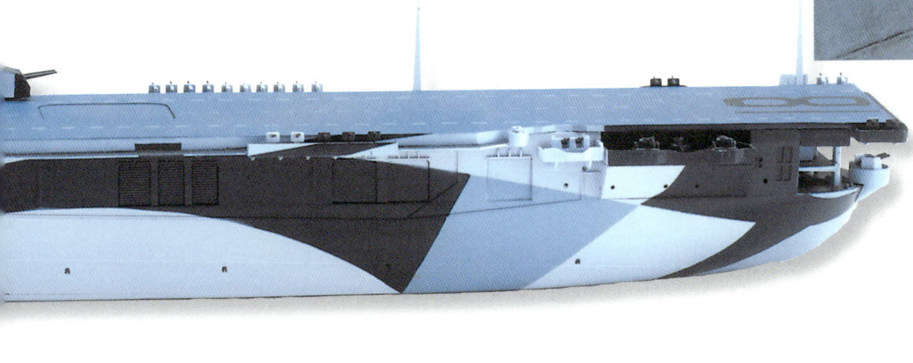

505 その他の特徴ある艤装

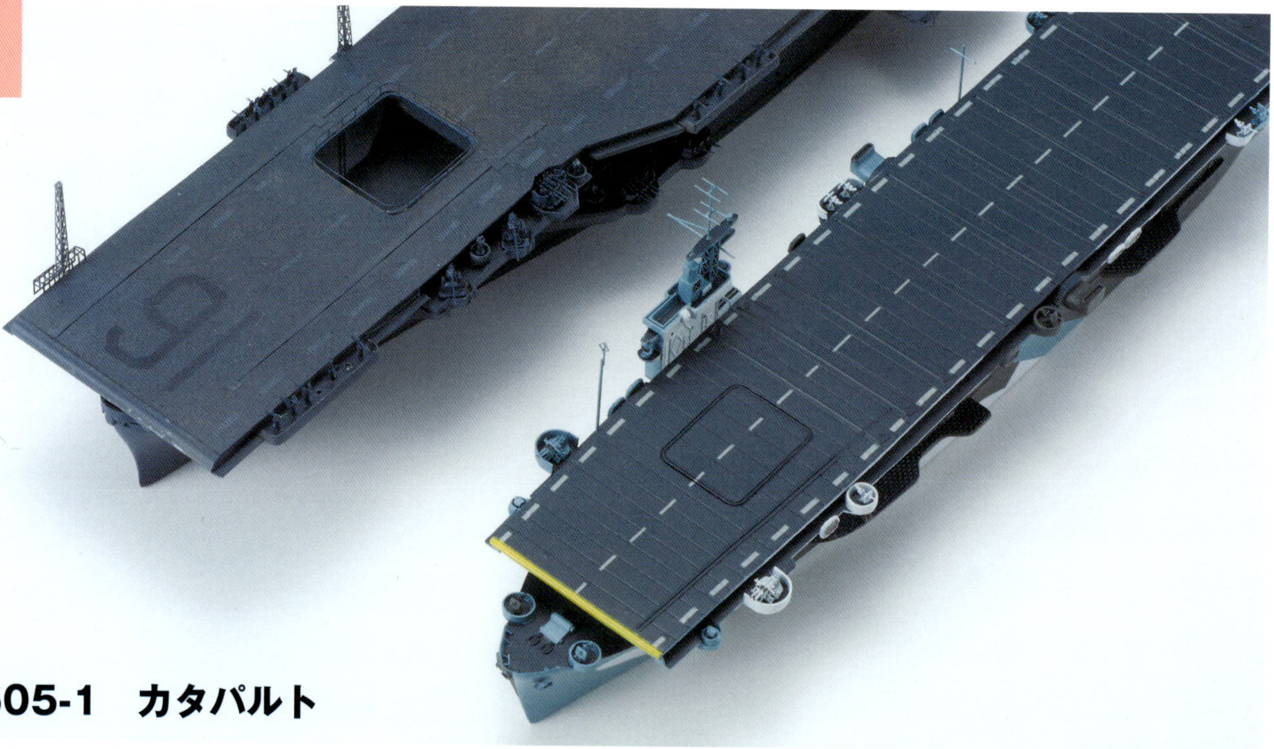

■505-1　カタパルト

アメリカ海軍では早くから空母用カタパルトの開発に着手し実用化していた。
「ラングレー」が搭載したカタパルトは搭載水上機を圧搾空気により射出するものであったが、使用実績も乏しいため早々に撤去された。これは艦上機を効率良く運用すると言う先鋭的な装備ではなかった。
レキシントン級が搭載したカタパルトはフライホイール（はずみ車）の回転エネルギーをクラッチで伝達する方式で、これも水上機の発艦に用いられた。こちらもクラッチの焼き付きなどの故障が頻発して早々に撤去された。

1937年に実用化されたアメリカ空母初の艦上機用油圧カタパルトがヨークタウン級と「ワスプ」に搭載された。飛行甲板装備と格納庫装備の２本立てであり双方とも性能的には充分なものだった。ただ、射出間隔が長く通常の自走発艦より時間が掛かるという欠点もあった。艦隊としての運用実績は好ましいものでなくカタパルトに否定的な機運が生まれていった。実戦でも通常は自走発艦で行なわれており1942年からは徐々に撤去されていく。
このカタパルトの改良型は出力の向上と射出間隔の短縮させたもので1943年の改装で再度「サラトガ」と「エンタープライズ」に搭載され、インディペンデンス級、護衛空母用としても活用された。1943年から就役が始まるエセックス級用として開発された最新式のカタパルトは1950年代まで使われるほどの高性能のものだったが、当初は供給が遅延して未装備のままで就役する艦も出た。供給が行き渡ってからは搭載機数の増大のため格納庫内の装備を廃止することとなり、後期艦では飛行甲板2基装備に変更された。射出間隔の大幅短縮による運用効率の向上や夜間発艦時の事故率低減、緊急時の迅速発艦など徐々にカタパルトの有効性は見直されていくこととなる。

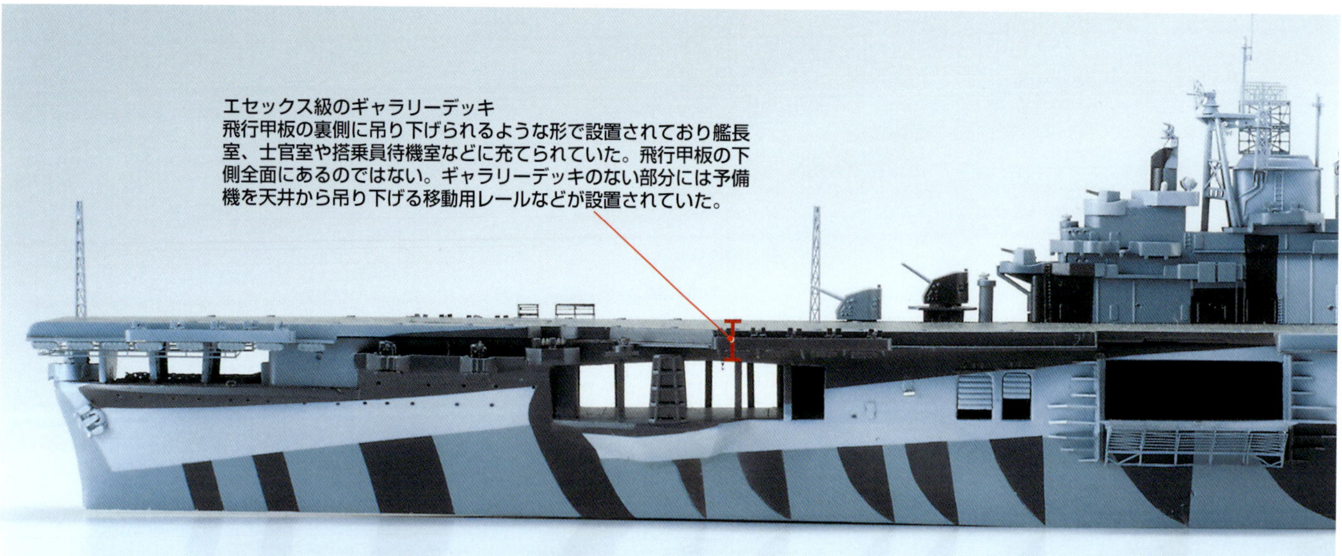

エセックス級のギャラリーデッキ
飛行甲板の裏側に吊り下げられるような形で設置されており艦長室、士官室や搭乗員待機室などに充てられていた。飛行甲板の下側全面にあるのではない。ギャラリーデッキのない部分には予備機を天井から吊り下げる移動用レールなどが設置されていた。

■505-2　開放型格納庫とギャラリーデッキ

最初の空母「ラングレー」は改装の際に格納庫は開放式とされた。と言うより給炭艦の甲板がむき出しと言うだけのものである。レキシントン級の格納庫は一層の閉鎖式とされた。格納庫両舷側にはボートデッキと機関室給気設備が置かれ、後部には修理用の設備を配していたので艦のサイズに比して有効スペースはごくわずかであった。また、換気も不充分で発動機の調整も格納庫内では出来なかった。「レンジャー」の設計ではこれらの実績を踏まえ、艦上機への塩害の影響と引き替えに換気が充分で発動機の調整が格納庫内で出来る開放式を選択した。開放式には搭載機を増やすための有効面積確保という目的があった。開放式にするため舷側部分に諸設備を置くことが出来ない代わりに船体幅一杯に格納庫を確保できた。実戦では艦上機の暖機運転が格納庫内で行なえるため、発艦時間は短縮できた。また被弾火災発生時の対応でも消火液が格納庫内に溜まる不都合もなくなりダメージコントロール上も有効とされた。荒天時はローラーカーテンを閉めることにより密閉することも出来た。

アメリカ空母の格納庫は三層分高さを確保しており飛行甲板の一層下（高角砲甲板レベル）をギャラリーデッキと称した。ギャラリーデッキは格納庫の天井裏に位置し「レンジャー」以後では予備機の格納所としてぶら下げて置くスペースされた。また、開放式となり格納庫の側面が使えなくなったため、ギャラリーデッキの一部に床を張ってスペースの確保をした。天井が高い格納庫はギャラリーデッキの梁に移動用レールの設置も可能で、搭載機の吊り下げや移動にも活用できた。

■505-3　飛行機用舷外張り出し

アメリカ海軍の空母に対する要求は第1に搭載機を増やすことであった。艦型から格納及び駐機スペースは自ずと限られてくる。そこで「レンジャー」で考案されたのが飛行甲板の脇に繋止用張り出し桁を延ばし艦上機の尾輪を載せて駐機させるアイデアである。4～8箇所設置して搭載機の増大を図った。イギリス空母も取り入れたこの設備は以後も継承された。実際は作戦機を駐機させることは余りないようだが、一定の効果はあった。他には格納庫の天井裏に吊したり艦側での工夫は枚挙にいとまがない。あと、忘れてはいけないアメリカ海軍の特長としては、艦上機の主翼の折りたたみ機構が徹底していることがある。ワイルドキャット、ヘルキャット、アベンジャーのグラマン製の機体は主脚の直ぐ外側から後方へ折りたたむことが可能で、尾翼程度の幅までになる。コルセア、ヘルダイバー、デバステーターは主翼が半分に折りたたむことができるので6割程度のサイズにすることができる。艦上機の場合、機体強度や重量の問題などもあり主翼を折りたためば良いというものではないが、コンパクトに折り畳めてしまうアメリカ艦上機がスペースの有効活用という面でメリットがあったことは確かだ。なお、主力艦上機では唯一ドーントレスには折りたたみ機構はなかった。

■505-4　煙突のレイアウト

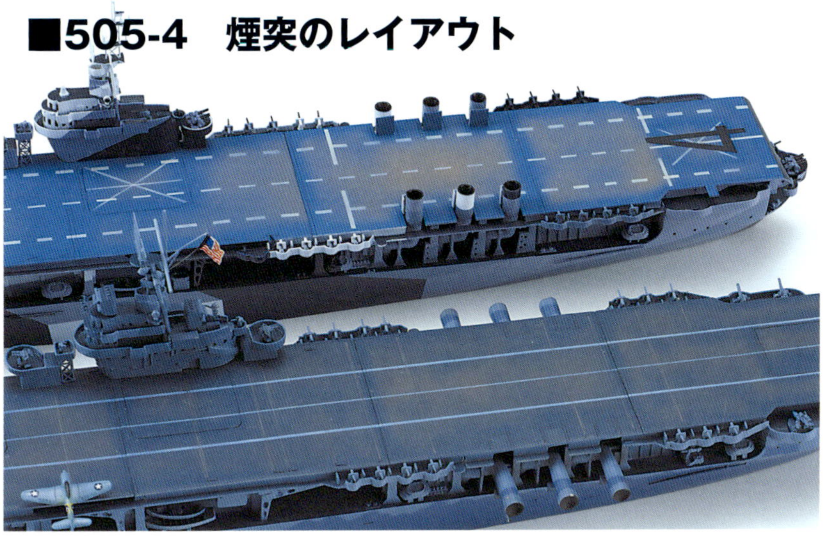

煙突は艦の性能を如実に表すので、大きさや配置などはとくに注目するべきである。
「ラングレー」は低出力の機関であるので大きさと言うより排気の仕方に特徴がある。それに近いのが「レンジャー」だ。煙路の取り回しに苦労して格納庫の容積を浪費してしまったレキシントン級の経験からボイラーを後方に配置して煙路を両舷に振り分ける形となった。レキシントン級はとにかく大出力のボイラーからの煙路を集中したためあの巨大な煙突になってしまった。ただ、本当にあの高さが必要だったかと考えて見ると黎明期の試行錯誤が伺える。この時期日本空母が総じて湾曲下向きを採ったことと比べると迷走の感は否定できない。ヨークタウン級以降は煙突と艦橋が一体の構造を採用した。大型の障害物を右舷中央に置いたことは冒険でもあり、実際傾斜問題を抱えたわけで完成形とは言いがたい。エセックス級では高効率ボイラーのお陰で煙路も小さくなり、ヨークタウン級と同程度の構造物ではあるが艦橋の容積は大きくなった。左右バランスも船体形状を工夫することで解決した。日本空母では隼鷹型で実験し「大鳳」で取り入れた傾斜煙突は飛行甲板の気流への影響が少ないとされ、一歩先んじた技術となっている。

■505-5　装甲甲板と防御構造

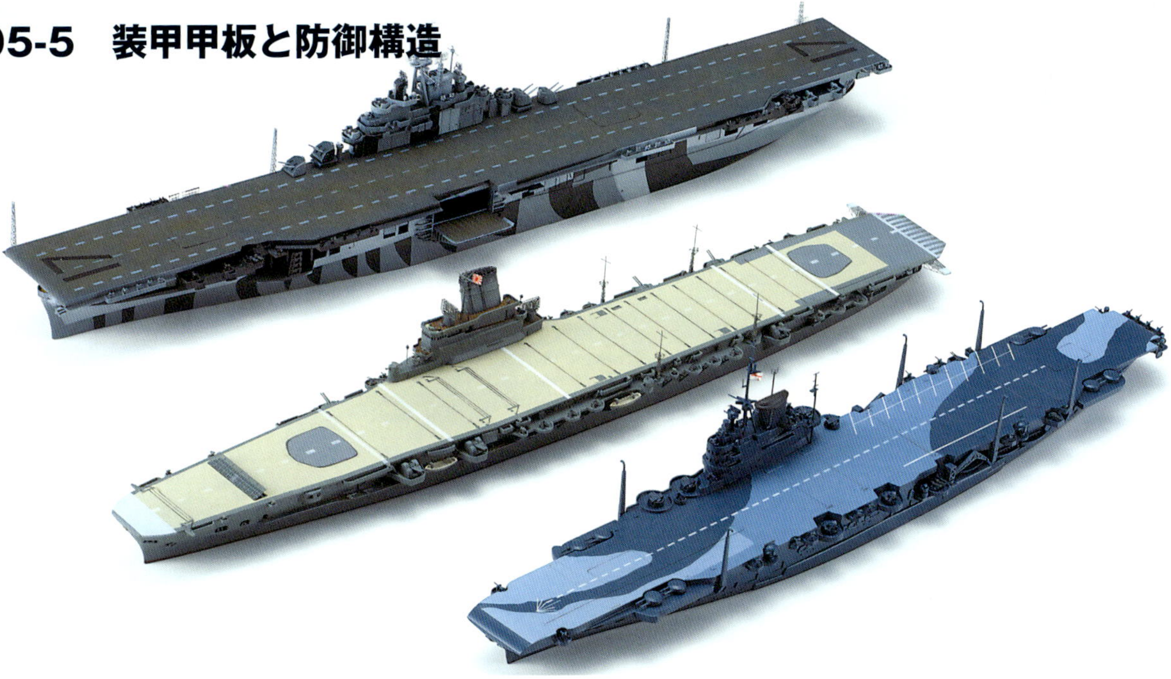

エセックス級と同世代の日英空母「大鳳」、イラストリアス級は装甲空母として飛行甲板に装甲を貼って急降下爆撃に対する直接防御を施した。それに対してエセックス級は元々飛行甲板での防御を考慮せず、格納庫床面を強度甲板とする設計であった。強度甲板と言っても「大鳳」の直接防御程強力ではないが、通常爆弾の水平爆撃であれば450kg爆弾程度は耐えられる強度を持ち合わせていた。さらに機関部へ至るまでの各甲板にはそれぞれ装甲が施されメインデッキから機関部への合計装甲厚は「大鳳」をわずかに下回る程度に補強されている。また、開放式の格納庫は爆風を逃がす効果も絶大で、装甲甲板と密閉式格納庫の組み合わせの日英空母との比較は単純にはできないがダメージコントロール上は優れていると言えよう。飛行甲板を貫通した爆弾が格納庫内で爆発する際の被害は大きいが、頑丈な船に載った箱が壊れるのみで船体自体は軽微な損傷で済むと言う発想もアメリカ的であろうか。空母の任務は艦上機を飛ばして収容することにあるので、爆撃を受けた後も復旧の可能性が高いことは作戦上重要だろう。反して装甲飛行甲板は最上部に重い装甲板を貼るため復原性の面でも不利であり、甲板レベルを一層下げた「大鳳」では搭載機の減少により戦力もダウンしている。また、初陣の「大鳳」が格納庫内収容するという概念を放棄し、搭載機不足を補うため定数を超える搭載機を露天繋止で出撃したことはまこと皮肉というほかはない。

6. アメリカ空母の艦橋

601 空母の艦橋比較

空母の顔であり指揮系統の中枢でもある艦橋は運用思想からお国柄が良く表れる。

レキシントン級は煙突と分離した艦橋単体の構造。空母で司令塔を設置したのは本級のみである。これは水上戦闘を考慮したためで、羅針艦橋が一段高い構造となっている。高所に大型の主砲指揮所を置いたため頑丈な三脚楼が組まれている。

「レンジャー」は当初は艦橋を持たない空母として設計されたが、レキシントン級の実績から航空指揮と防空指揮に特化したアイランドを設置した。機能の割に大型であるが高角指揮装置を載せるプラットホームとしては重宝したであろう。

ヨークタウン級はアメリカで初の煙突と一体の艦橋を採用した。羅針艦橋の下は旗艦設備や通信室が置かれ、頂部は防空指揮所及び高角指揮装置が配置された。艦橋自体は大きいが、広い面積を煙路が占めており艦橋スペースは「レンジャー」と同程度であった。

「ワスプ」はヨークタウン級を建造した残りの排水量制限枠を使って建造された小型空母だが、エセックス級のプロトタイプとして様々な機能が盛り込まれた。羅針艦橋はヨークタウン級より一層低く細い煙突とも相まってコンパクトに纏まっているが、

レキシントン CV-2
製作／村田博章

ワスプ CV-7
製作／遠藤貴浩

レンジャー CV-4
製作／村田博章

イントレピッド CV-11
製作／西郡湧人

エンタープライズ CV-6
製作／村田博章

インデペンデンス CVL-22
製作／有賀あやめ

高角指揮装置を前後に配置するには充分な平面が確保されている。

エセックス級はヨークタウン級と同等の容積を持つ艦橋を設置した。新型ボイラーの恩恵で煙突が「ワスプ」並となったため、艦橋スペースは拡大されている。平面積も広く確保しており、2基の高角指揮装置の他ボフォース40㎜機関砲を2基装備できた。他には三脚楼上のフラットと煙突両面をうまく使って多種のレーダーアンテナが集中配置することが可能だった。艦橋前後には5インチ連装砲を配置しボフォース40㎜機関砲と合わせ防空体制は盤石と言える。

インディペンデンス級はサンガモン級護衛空母と同等の航空艤装としたため、艦橋も操艦に限定した小型のものとされた。航空指揮関連は艦内に設置し、高角砲を廃し、指揮装置はない。対空レーダーの設置場所が確保できず後方煙突間に専用ステージを設けて設置した。

日本海軍の「加賀」は極めてシンプルな構造物で、駆逐艦サイズの羅針艦橋を設置しただけで、航空関連の施設は艦内に設置されている。

翔鶴型は航空指揮関連の施設を追加したので一回り大きいが、それ以外には大きな違いは見られない。

「大鳳」は煙突一体型の艦橋を設置したが、多くのスペースを煙路が占有しているので艦橋自体のボリュームは翔鶴型とさほど変わらない。

イギリス海軍の「イーグル」は世界初のアイランド型空母であるが、2本煙突の採用は本艦のみだ。2本の煙突間には2ポンド（40㎜）8連装ポムポム砲が装備された。

「アークロイヤル」はイラストリアス級の試作艦的な正規空母である。艦橋はコンパクトに纏まった感はあるものの、羅針艦橋も小振りで余裕は感じられない。高角指揮装置類は全て舷側配置とされた。

イラストリアス級は本格的な量産正規空母で、艦橋は「アークロイヤル」より大きく射撃指揮装置と2ポンド8連装ポムポム砲が装備された。

加賀
製作／細田勝久

イーグル
製作／村田博章

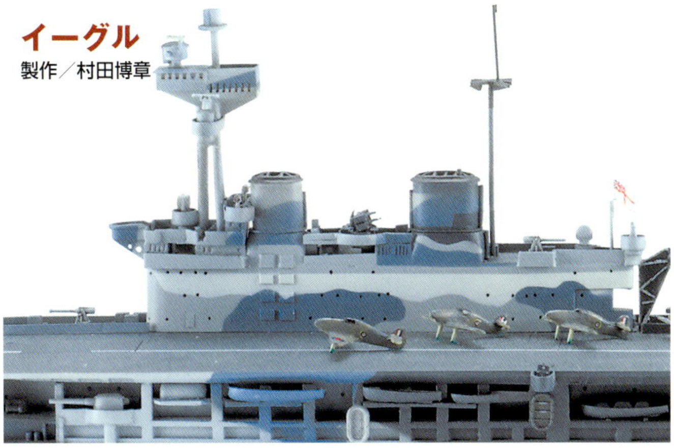

瑞鶴
製作／細田勝久

アークロイヤル
製作／村田博章

大鳳
製作／米波保之

ヴィクトリアス
製作／村田博章

602 レキシントン級の艦橋の変遷

製作／村田博章

レキシントン CV-2 1928

レキシントン級の艦橋構造物は三脚楼を有した大柄なものとなっており、平面形は後ろ側を紡錘形とした貴婦人的とも言える造形がなされている。各平面は下から搭乗員控え室、気象艦橋、司令塔、羅針艦橋と続き、頂部には測距儀が置かれた。三脚楼上は主砲射撃指揮所、最上部は高射装置となっている。気象艦橋レベルには2番主砲塔が載っており、後方飛行甲板側のステージには司令塔甲板からの外階段が設置されている。
羅針艦橋レベルには旗艦作戦室が置かれ任務部隊司令部の受け入れが可能であった。三脚楼上の主砲射撃指揮所の下面には顎のように突き出したゴンドラのような構造物があるが用途は不明である。この構造物は「レキシントン」と「サラトガ」とでは形が異なり、羅針艦橋レベルの平面形と共に相違点となっている。最上部にはMk.19高射装置と測距儀が2対置かれ、煙突後方装備と合わせ3基4群の高角砲を制御している。

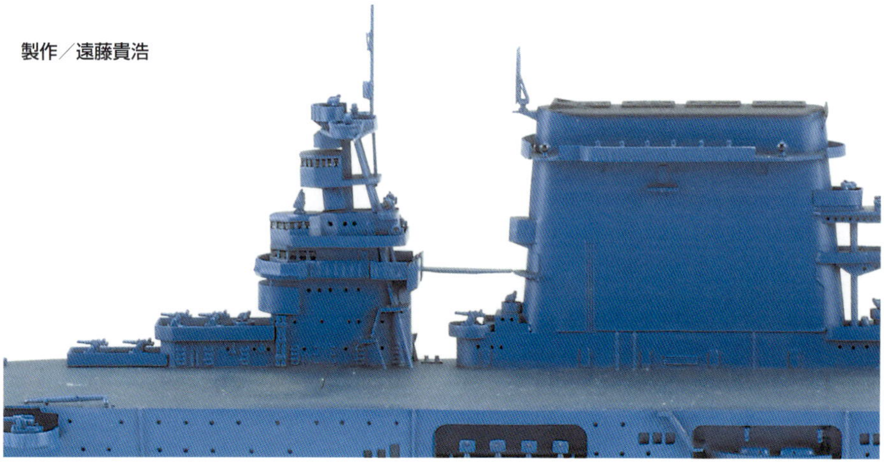

製作／遠藤貴浩

レキシントン CV-2 1942

「レキシントン」の最終時を示したが、竣工時から基本構造に大きな変更は見られない。
1935年ごろには羅針艦橋天面の三脚楼近辺に部屋が設置されているが、最終時にはその部屋が羅針艦橋と同じスペースにまで拡張されている。これは任務部隊旗艦司令部が指揮を執る艦橋と思われる。羅針艦橋上の測距儀も旗艦艦橋の上に移設されている。例のゴンドラは撤去済みである。
羅針艦橋後方には信号灯用のステージが突き出しているが、その先端から煙突前面へ渡り廊下が設置されている。
撤去された8インチ（20.3㎝）砲の代わりに設置される5インチ（12.7㎝）連装両用砲が間に合わないため、空いたスペースに28㎜4連装機銃を2基ずつ臨時に装備した。その射撃指揮装置が艦橋部に設置されているはずだが、詳細は不明である。
「レキシントン」は最後まで司令塔をそのまま残している。

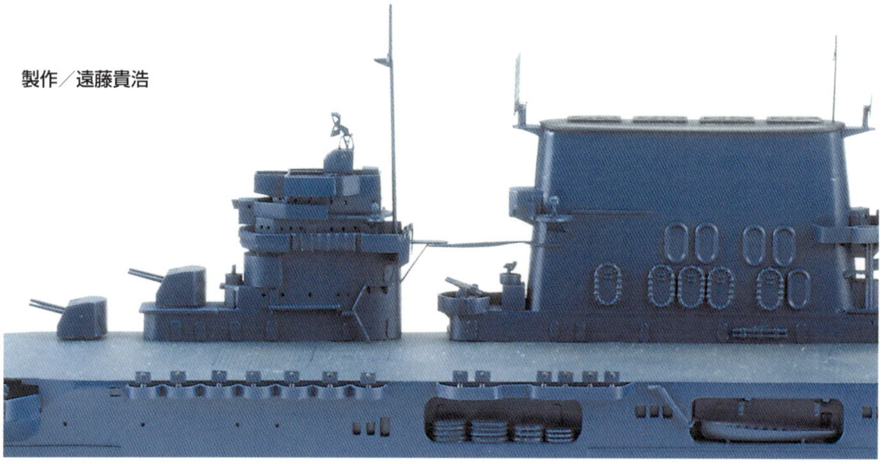

製作／遠藤貴浩

サラトガ CV-3 1943

「サラトガ」は1942年初頭、潜水艦からの被雷修理の際に、予定していた近代改装を行なった。
全体の骨子は省略するが艦橋周辺のみ紹介しよう。8インチ（20.3㎝）連装主砲から5インチ（12.7㎝）連装高角砲へ換装、主砲射撃指揮所および三脚楼の撤去、羅針艦橋の上に旗艦艦橋の設置などの改装が施された。旗艦艦橋の天面には防空指揮所並びにMk.4レーダー付Mk.37高射装置が設置され、煙突の上端も短縮されている。主楼は単楼化され中段のステージにSG水上見張りレーダーが、頂部にはビーコンアンテナ等が設置されている。煙突頂部前面のステージにはCXAM-1対空レーダーが装備され、羅針艦橋周辺にレーター室が設けられた。煙突頂部右舷後方のステージにはバックアップレーダーとしてSC-1が追加装備されている。「レキシントン」と同様に羅針艦橋レベル後方から煙突への渡り廊下は設置済みであった。

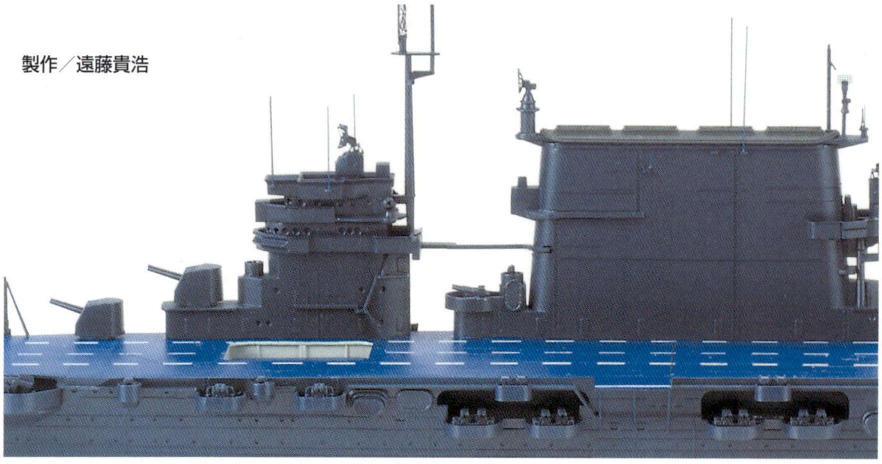

製作／遠藤貴浩

サラトガ CV-3 1945

1943年末からの性能改善工事は対空兵装と電波兵装の大幅な刷新と夜間作戦空母化がその骨子となっていた。艦橋構造物自体に大きな変更はないものの、煙突頂部を含めレーダー関連が更新された。
まず、艦橋上のMk.37高射指揮装置は新式のMk12/22レーダー付となり、主楼を太いものと取り替えた上で頂部に大型のステージを設置した。ステージ上には新式のSK対空レーダーを搭載し、ステージ後方から伸びるトップマスト上にはSG水上見張りレーダー及びビーコンアンテナ等が設置された。
煙突頂部のCXAM-1レーダーは最新の高度測定用SMレーダーのパラボラアンテナに載せ替えられた。右舷後部のSC-1レーダーは撤去の上、最後部のステージに新式のバックアップレーダーSC-2とSGレーダーが追加装備された。
艦橋下部の司令塔は残されたものの、側面のみ装甲を撤去してフラットとされた。

603 ヨークタウン級の艦橋の変遷

製作／村田博章

エンタープライズ CV-6 1939

空母の設計に関わっている航空局では飛行甲板上の気流を研究しており、風洞実験の結果、固定式煙突でも着艦に影響が少ないことが確認された。そこでヨークタウン級は初めて煙突一体型の艦橋を採用することとなった。9基のボイラーからの煙路は大きな容積を占めており、艦橋そのものは大きくはない。アメリカ空母は2種類の艦橋を備えており、一つは航海用、もう一つは旗艦司令部用であり、複数の指揮系統が同居しない環境を完備していた。各平面は下から搭乗員控え室、通信室、旗艦艦橋、羅針艦橋と航空作戦室、防空指揮所と高射装置である。

高射装置は「レンジャー」に続き新型のMk.33が2基搭載され、5インチ高角砲を制御している。防空指揮所には三脚楼が立てられ頂部に見張所、その天面にはブローニング12.7㎜機銃が装備されていた。艦橋周囲の装備としては、前後に28㎜4連装機銃（シカゴオルガン）が2基ずつ装備され、側面と後方には艦載艇用クレーンが設置された。

製作／遠藤貴浩

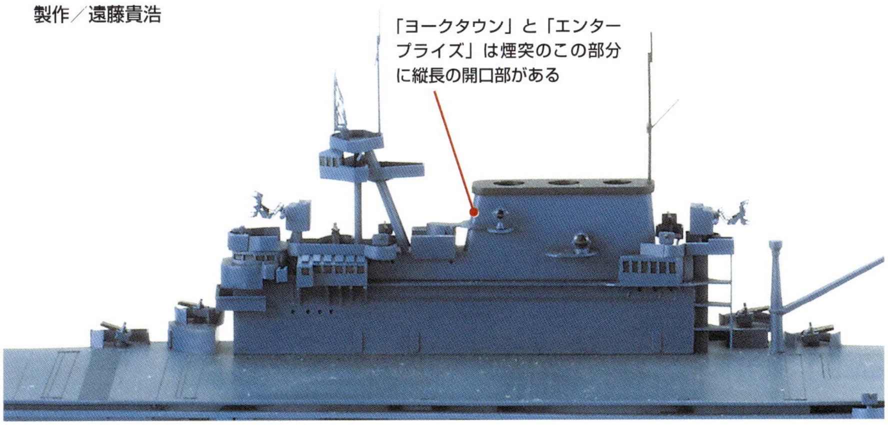
「ヨークタウン」と「エンタープライズ」は煙突のこの部分に縦長の開口部がある

エンタープライズ CV-6 1942

ミッドウエー海戦までは艦橋外観に大きな変化はなく、三脚楼上にCXAM-1対空レーダー（「ヨークタウン」は試作のCXAM、「ホーネット」はSC）が装備された位であった。1942年の第二次ソロモン海戦のころになるとMk33高射装置にもFDレーダーがセットされた。1942年末には煙突部にバックアップ用としてSC-2対空レーダーが追加されている。周辺の兵装は前後の28㎜4連装機銃にブルワークが設置され艦橋外舷の旧ボートデッキと防空指揮所へ20㎜機銃が増備された。艦載艇を降ろしたため艦橋脇の小型クレーンも撤去された。「ヨークタウン」と「エンタープライズ」の艦橋のユニークな造形としては煙突前面の縦長の開口部がある。煙突の外壁は煙路のカバーであるがこの開口部の用途は不明だ。旗箱の間からそこへ渡り廊下で繋がっていて、内部にも入ることができた。渡り廊下は壁面の信号灯へもつながっていた。ただし、その開口部は「ホーネット」にはない。

製作／村田博章

エンタープライズ CV-6 1944

1943年秋の近代改装では艦橋部にも大きくメスが入った。羅針艦橋を刷新し「ホーネット」と同様のラウンド型丸窓タイプとなった。高射装置は新型のMk.4レーダー（1944年秋にはMk.12/22に更新）付Mk.37へ、CXAM-1レーダーも新型のSKに更新すると共に、最新の高度測定用SMレーダーが三脚楼の見張所天面を拡張の上装備された。なお、三脚楼の根本にはレーダー室が追加されている。また、SC-2バックアップレーダーは煙突右舷側に立てた専用の櫓の高所に移設し、三脚楼トップマストと後部マストトップにはSGレーダーが装備された。

周辺の装備では前後の28㎜4連装機銃はボフォース40㎜4連装機関砲へと更新されている。ただ、クレーン脇のもののみ連装とされた。艦橋外舷にはエリコン20㎜機銃が11基並べられた。

製作／村田博章

ホーネットCV-8 1942

「ホーネット」はヨークタウン級3番艦と言うより、「飛龍」に対する「雲龍」に相当する艦である。ヨークタウン級の線図を流用した設計だったが内部は新式のものへ刷新されていた。艦橋構造物では羅針艦橋がラウンド型となり、高射指揮装置は初めからMk37（ミッドウェー海戦後にMk.4レーダーを追加）を装備していた。太平洋へ回航されると早速SCレーダーを装備しドゥーリットル作戦に臨んだ。ただ、装備したSCレーダーは所期の性能が出ず、戦艦「カリフォルニア」から降ろしたCXAMのアンテナに取り替えて南太平洋海戦に臨んでいる。

周辺の装備としては艦橋の前後に28㎜4連装機銃が「エンタープライズ」と同様に装備されたが、クレーン脇のものは後方の飛行甲板脇へと移された。また、艦橋脇の20㎜機銃は4基程度が前寄りに装備されている。

604 エセックス級の艦橋

製作／今泉 薫

エセックス級の艦橋はヨークタウン級に引き続き煙突一体型とされた。ボイラーの高効率化により煙路も細くなり占有容積も小さくなった。また、搭乗員控え室がギャラリーデッキに移され全体的にコンパクトとなっている。各平面は下から甲板作業員室、無線室とレーダー室、旗艦艦橋、羅針艦橋と航空作戦室、防空指揮所とボフォース40mm4連装機関砲（以後ボフォース）の銃座、高射装置となり、三脚楼は各種レーダー用フラットとなっていた。各艦共通の装備は防空指揮所レベルと羅針艦橋レベルの後部にボフォース各1基、Mk.37高射装置2基となる。

エセックス CV-9 1943年2月

▶エセックス級初期の短船体グループの艦橋で「エセックス」の他「ヨークタウンⅡ」「イントレピッド」「ホーネットⅡ」「フランクリン」「レキシントンⅡ」「バンカーヒル」「ワスプⅡ」が相当する。この前期型艦橋は後々前面のボフォースを撤去して旗艦艦橋を拡張した後期型に逐次改修されていく。1944年秋までに4隻が改修され、残りの4隻は1945年春までに完了する。改修前であっても電波兵装は更新されていくので、ここでは竣工間もないころの状態を示している。
まず共通でない装備を列記してみる。
艦橋本体にはボフォース40㎜4連装機関砲（以後ボフォース）が旗艦艦橋前面に1基。三脚楼上のフラット前面にSKレーダー、後方のトップマスト先端にSGレーダーとビーコンアンテナなど。煙突後端のマストトップにSGレーダー、Mk.37高射装置はMk.4レーダー付、右舷側側面には8基程度エリコン20㎜機銃などがそれぞれ装備されている。
ボフォースの射撃指揮装置の装備位置は各艦まちまちであるので個艦のリサーチは充分にしたいところだ。

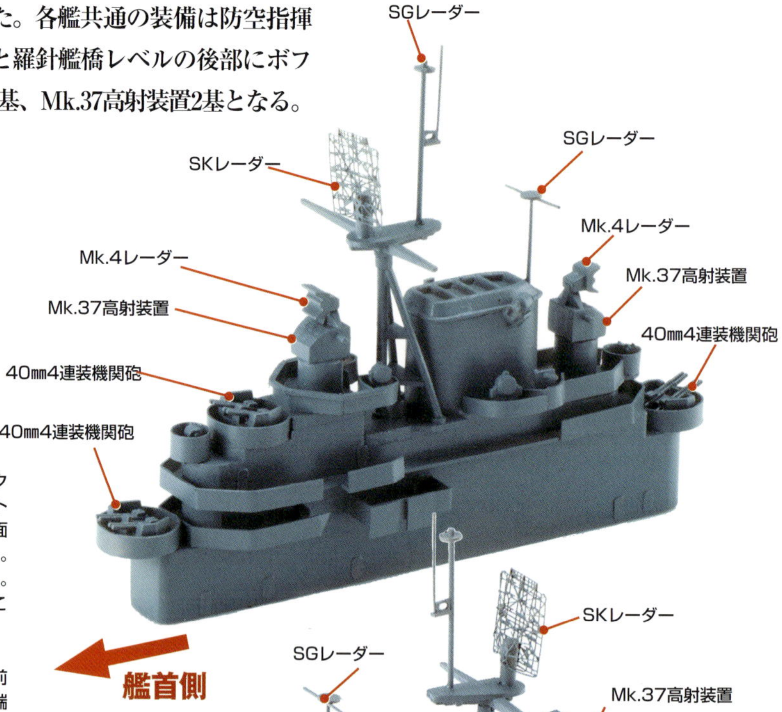

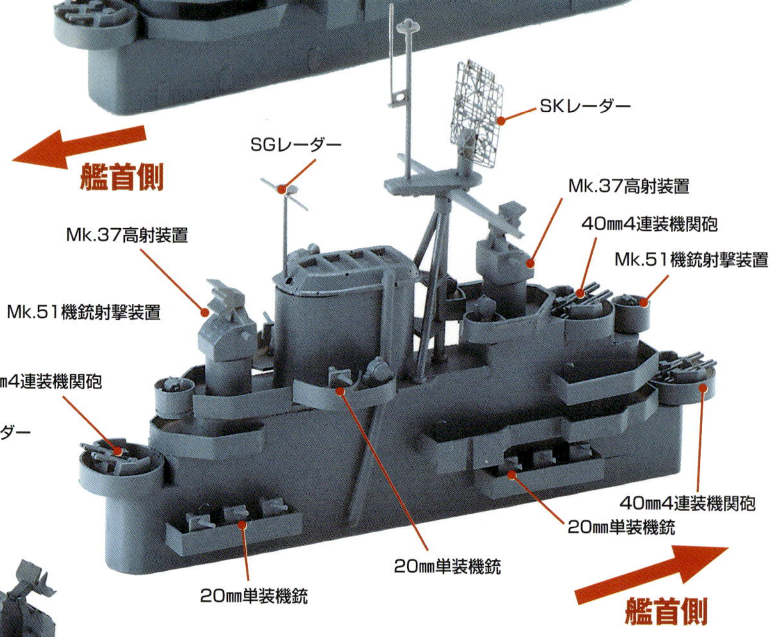

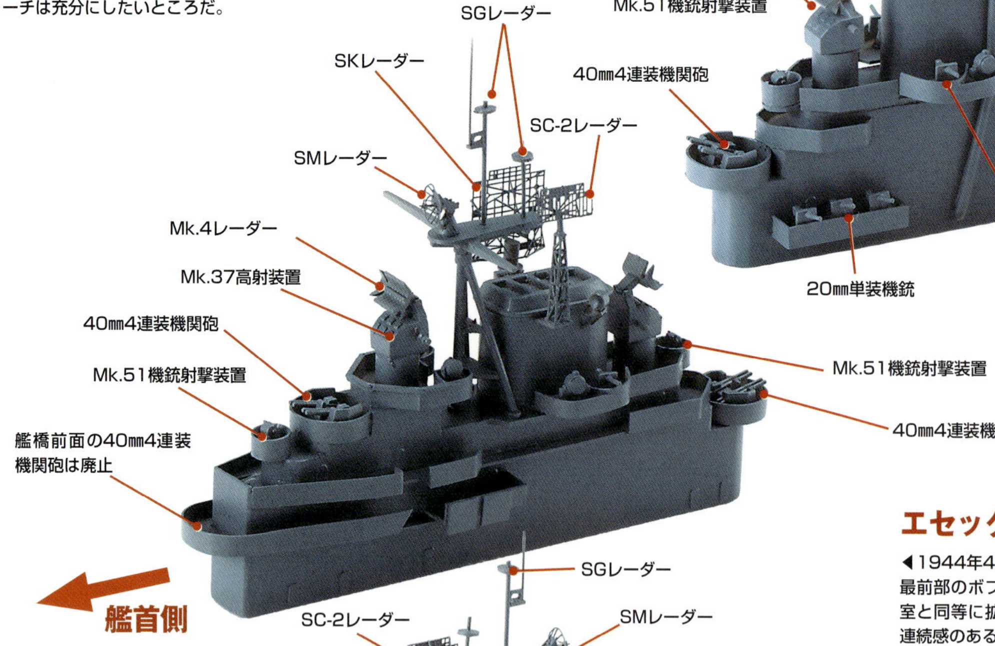

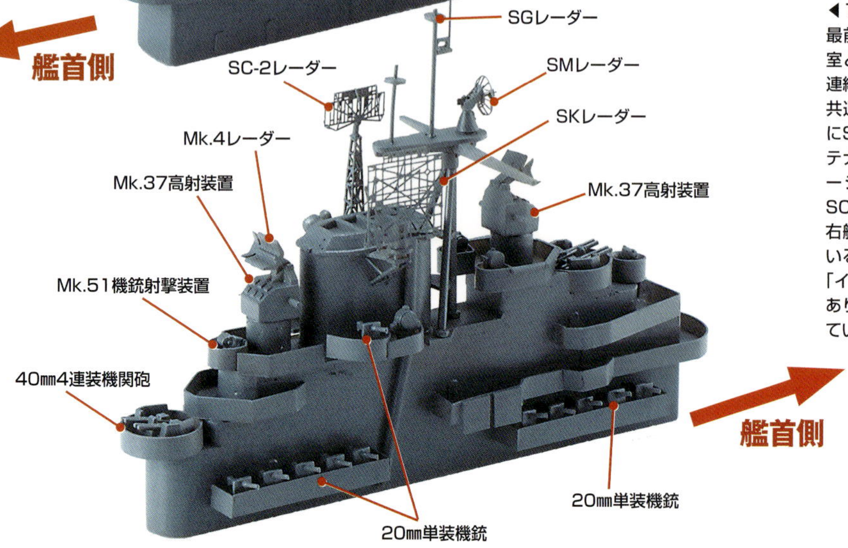

エセックス CV-9 1944年6月

◀1944年4月の定時更新で改修された艦橋。
最前部のボフォースを撤去して旗艦艦橋面積を下段の無線室と同等に拡張したもの。露天のブルワークはなだらかな連続感のあるものになっている。
共通でない装備は以下のとおり。三脚楼上のフラット前面にSMレーダー、トップマストSGレーダーとビーコンアンテナ、フラット後部にSGレーダー。煙突頂部の右舷側ステージにSKレーダー。同じく左舷側のトラスマスト上にSC-2レーダー、Mk.37高射装置はMk12/22レーダー付、右舷側側面にはエリコン20㎜機銃が10基程度装備されている。
「イントレピッド」では三脚楼上後方にはSC-2レーダーがあり、SGレーダー 1基は煙突頂部後方のマストに装備されている。

ヨークタウンII CV-10 1944年10月

◀1944年9月の定期更新で改修された艦橋。
こちらも後期型艦橋に改修されたが、羅針艦橋の露天部の平面形が異なる。明らかに段がついた写真が確認出来る。
共通でない装備は以下のとおり。三脚楼上のフラット前面にSMレーダー、トップマストSGレーダーとビーコンアンテナ、煙突頂部の左舷側ステージにSKレーダー、同じく右舷側のトラスマスト上にSC-2レーダー、Mk.37高射装置はMk12/22レーダー付で右舷側側面にはエリコン20㎜機銃が10基程度装備されている。
アメリカ海軍では煙突頂部にレーダーアンテナなどを平気で設置しているが、幾らボイラーの効率が良くなったとは言え、煤煙の影響はないのであろうか？

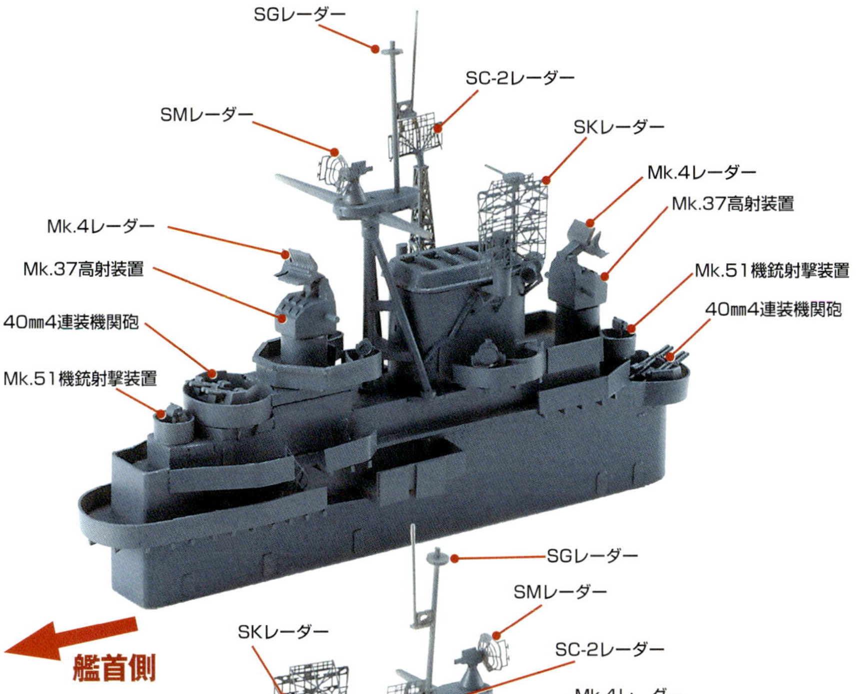

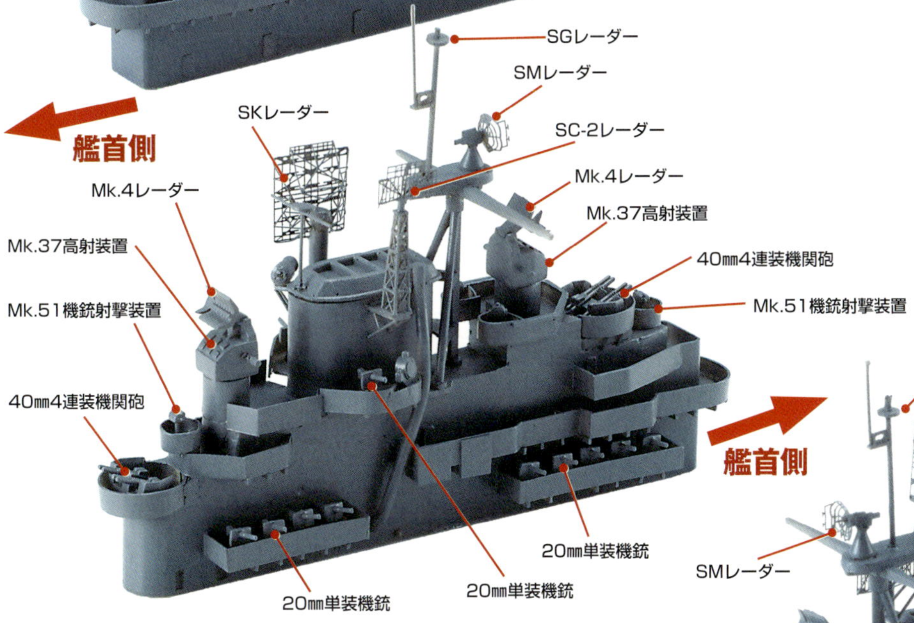

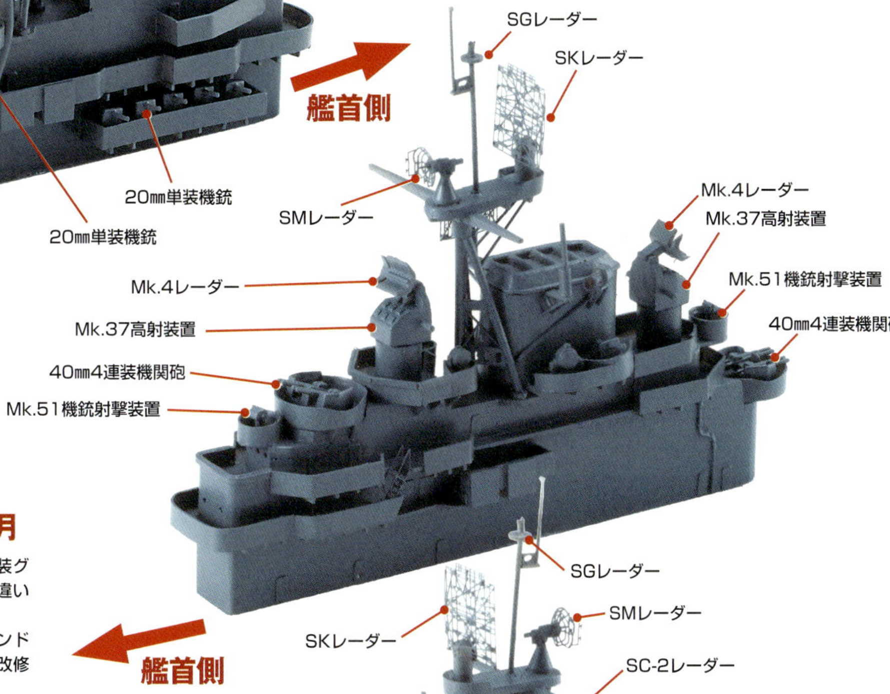

タイコンデロガ CV-14 1944年6月

▶長船体型の艦橋は新造時より後期型であったが、改装グループとは細部が異なり羅針艦橋の露天部平面などに違いが見られる。幾分ごつい外観となっている。
旗艦艦橋の露天部ブルワークは角ばった形である。「ランドルフ」、「ボクサー」などは、「ヨークタウンII」などの改修と同じ丸型のブルワークになっている。
共通でない装備は以下のとおり。三脚楼上のフラット前面にSMレーダー、トップマストSGレーダーとビーコンアンテナ、フラット後部にSKレーダー、煙突頂部の右舷側ステージにSC-2レーダー、Mk.37高射装置はMk12/22レーダー付で右舷側側面にはエリコン20mm機銃が10基程度装備されている。

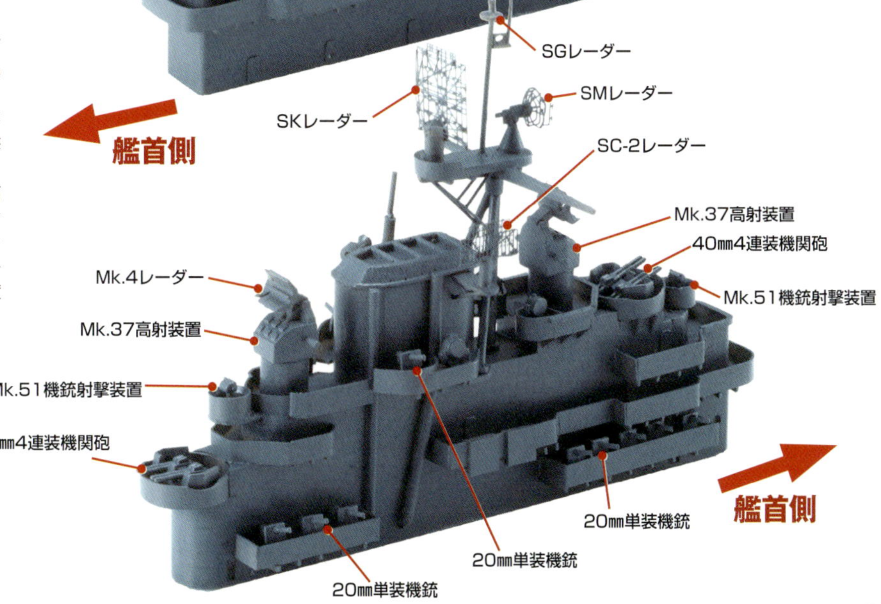

7. アメリカ空母の迷彩塗装

701 迷彩塗装の変遷

アメリカ空母の塗色は年代によってさまざまで、同じ名称でも順次色合いが変化する。「ラングレー」就役から太平洋戦争の勃発直前までは、いわゆるピースタイムグレーと呼ばれる白っぽいグレーで船体が塗装されていた。飛行甲板はマホガニーステインという染料で着色され黄色の太いガイドラインが引かれた。1941年初頭カモフラージュメジャーが制定された後は順次塗り替えられ、真珠湾攻撃時の「エンタープライズ」は新基準のMs.1であった。写真では濃いグレーと白に見えてしまうが、実際はダークグレー（5-D）とライトグレー（5-L）であった。「レキシントン」は艦首にバウウェーブを描いておりMs.1+5と呼ばれていた。1941年9月の改訂で対空対水上迷彩が制定され、1942年に入ると太平洋艦隊はMs.11、大西洋艦隊はMs.12へ順次塗り替えられる。よくシーブルー（5-S）をネイビーブルー（5-N）と勘違いするケースが見受けられるが、ネイビーブルーは次の改訂で登場する色で、シーブルーは少し明るい青紫であった。オーシャングレー（5-O）とライトグレー（5-L）は前年のものに比べ少し明るい改訂版。また、飛行甲板を含む全ての甲板面も濃いブルーグレーで塗装されたが、明確な基準はまだ設けられていなかった。後に新色デッ

レキシントン CV-2

アメリカ海軍航空母艦 レキシントンCV-2
ピットロード1/700インジェクションプラスチックキット
製作／村田博章

大戦間の平時塗装で、いわゆるピースタイムグレーと呼ばれたスタンダードネイビーグレーで船体全面を塗装していた。飛行甲板はマホガニーステインで塗装し、ガイドラインに濃いめの黄色を用い太い実線が引かれた。その他の甲板面はデッキグレーと言う青みのある濃いグレーが使われた。吃水線ライン（ブーツトッピング）は黒で引かれている。「レキシントン」との識別のため、「サラトガ」には煙突中央に黒で縦帯が引かれていた。このスキームは開戦少し前まで使われた。

エンタープライズ CV-6

アメリカ海軍航空母艦 エンタープライズCV-6
タミヤ1/700インジェクションプラスチックキット
製作／村田博章

1928年の「レキシントン」と同じ基準のスキームだが、1930年代半ばに入ると飛行甲板の前後に個艦識別用の艦名を略号化して同じく黄色で入れた。これは第二次大戦が勃発すると廃止されるが全艦に実施されたわけではなかった。カモフラージュメジャーが制定されると「エンタープライズ」は新基準Ms.1で塗装された。このスキームは1939年の状態の船体色がダークグレー（5-D）に置き変わったものと考えてよい。ただ、すでに戦時であるので黄色のガイドラインはグレー辺りに変更されていると思われる。

レキシントン CV-2

アメリカ海軍航空母艦 レキシントンCV-2
ピットロード1/700インジェクションプラスチックキット
製作／村田博章

1941年6月の改訂で導入された対空対水上迷彩で順次塗り替えられた。この標準Ms.12は「ヨークタウン」と「ホーネット」の竣工時及び大西洋へ回航予定だった「レキシントン」にのみ採用された。塗色はハンガーデッキレベルで塗り分け、下をシーブルー（5-S）、上をオーシャングレー（5-O）、マストトップをヘイズグレー（5-H）、甲板平面は濃いブルーグレーとされた。なお、「ホーネット」はその後、滲み迷彩へ変更し、「レキシントン」は回航を中止したためMs.11に塗り直した。

キブルー（20-B）が制定され統一感のある甲板塗装となった。ただ、退色や剥がれが著しく1週間ほどしか色目は維持できなかった。1942年制定のMs.2_では新たにネイビーブルー（5-N）が採用された。Ms.21は船体垂直面をネイビーブルー（5-N）（空からは昼夜視認性が低く、対水上では視認性は高いが進路欺瞞効果がある）で塗りつぶし、日差しの強い地域で陸上や水上艦艇からの

エンタープライズ CV-6

アメリカ海軍航空母艦 エンタープライズCV-6
フルスクラッチビルド1/700
製作／遠藤貴浩

「エンタープライズ」は開戦時Ms.1であったが、1942年初頭のヒットエンドラン作戦を終えたころMs.11へ変更した。このスキームは1943年初頭の性能改善工事までで、工事後は新基準のMs.21へ変更となった。他の太平洋艦隊所属艦は「レキシントン」が珊瑚海海戦で喪失するまで、「サラトガ」が1942年8月からの損傷修理まではMs.11であった。Ms.11の塗色は船体をシーブルー（5-S）で塗りつぶし、甲板面は濃いブルーグレーとしていたが後にデッキブルー（20-B）が制定され統一された。

ウルヴァリン IX-64

アメリカ海軍訓練空母 ウルヴァリンIX-64
ブルーリッジモデル1/700レジンキャストキット
製作／村田博章

1943年当時、新造艦の竣工に際し塗色はおおむねMs.13が使われた。前戦への配属と同時に艦隊に準じたスキームへ変更していくが、内地で訓練を行なっている間は変更しないことが多い。ウルヴァリンは五大湖の練習艦なので他の新造艦と同様にMs.13が採用されたと推察できる。この艦は実戦とは無縁の艦なので、このスキームのまま第二次大戦を全うしたと思われる。Ms.13の塗色は船体をヘイズグレー（5-H）で塗りつぶし、甲板面はデッキブルー（20-B）が使われた。

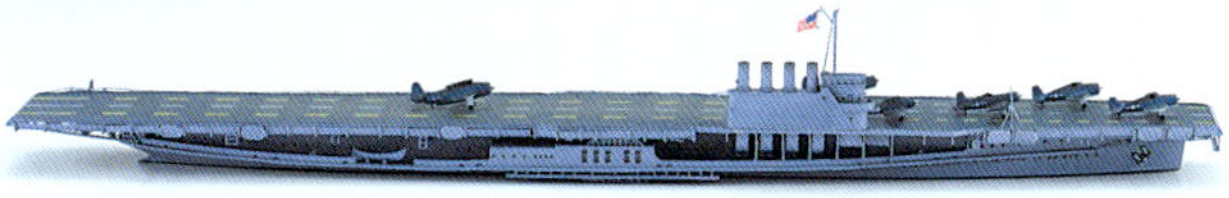

ホーネット CV-8

アメリカ海軍航空母艦 ホーネットCV-8
フルスクラッチビルド1/700
製作／村田博章

「ホーネット」は竣工後太平洋へ回航の際、Ms.12Modへ塗り替え、南太平洋海戦で喪失まで変わらない。Ms.12Modとはモディファイの事で、標準Ms.12の滲みパターンである。塗色については標準と同じであるが、船体はハンガーデッキの塗り分け線を境に下側のシーブルー（5-S）とオーシャングレー（5-O）が絡み合う恰好で、上構はオーシャングレー（5-O）とヘイズグレー（5-H）が縞模様を形成していた。Ms.12Modで塗ったのは「レンジャー」「ワスプ」「ロングアイランド」があった。

サラトガ CV-3

アメリカ海軍航空母艦 サラトガCV-3
ピットロード1/700インジェクションプラスチックキット
製作／村田博章

1944年初頭の近代改装において1943年制定のMs.32/11Aへ変更された。このスキームは1945年2月の硫黄島作戦で特攻を受けるまでそのままだった。修理後はMs.21へ変更となった。このMs.32/11Aは船体をダルブラック（BK）、オーシャングレー（5-O）、ライトグレー（5-L）で稲妻模様を描き、甲板面はデッキブルー（20B）、飛行甲板はフライトデッキステン#21で着色した。同じパターンで塗られた空母はないが、クリーブランド級軽巡洋艦で採用されている。

砲撃に対して距離感の欺瞞に効果があった。Ms.22ではメインデッキの最低高を境に下をネイビーブルー（5-N）、上をヘイズグレー（5-H）で水平に塗り分けられた。この改訂以降、使われる色は、dark blue-black tinting material（5-TM）と言うダークパープルグレーに白（5-U）を各比率で混ぜるだけで作られる6色とダルブラック（BK）に白（5-U）を加えシーブルー（5-S）を除く7色が舷側に用いられるようになる。Ms.2_ではより濃い新色ネイビーブルー（5-N）がシーブルー（5-S）に代わって用いられ、飛行甲板についてはノーフォーク海軍工廠で試験をした後、フライトデッキステイン#21と言う染料が用いられた。ただし、こ

エンタープライズ CV-6

アメリカ海軍航空母艦 エンタープライズCV-6
トムスモデルワークス1/700レジンキャストキット
製作／遠藤貴浩

1943年7月からの性能改善工事後しばらくMs.21だったが、マリアナ戦を終えた8月にMs.33/4Abに変更され、1945年5月に特攻で被害を受けるまでこの状態だった。このパターンは「エンタープライズ」専用。Ms.33であるがネイビーブルー（5-N）を使用しているにもかかわらず合計明度を高めた配色がなされた。どちらが艦首か判ってしまうようなパターンであるが艦のサイズは掴みにくくなっている。Ms.33/4Abの塗色はネイビーブルー（5-N）、ヘイズグレー（5-H）、ペイルグレー（5-P）の3色。

レンジャー CV-4

アメリカ海軍航空母艦 レンジャーCV-4
コルセアアルマダ1/700レジンキャストキット
製作／遠藤貴浩

1944年5月からの性能改善工事以降導入されたMs.33/1Aというスキームで、このパターンは「レンジャー」専用となっている。菱形のブロックや縞模様が特徴で、方向は判りにくい。同じMs.33であるが「エンタープライズ」のそれとは印象が異なり、ダルブラックを用いたため、見た目のコントラストが強めでありMs.32に近い配色となっている。塗色はダルブラック（BK）、オーシャングレー（5-0）、ヘイズグレー（5-H）、ペイルグレー（5-P）の4色。

エセックス CV-9

アメリカ海軍航空母艦 エセックスCV-9
ドラゴン1/700インクジェットプラスチックキット
製作／鈴木幹昌

1944年4月のオーバーホールの際に導入されたMs.32/6-10Dというスキーム。空母では「エセックス」専用となっているが、バックレー級護衛駆逐艦に2例ほど導入された。1945年にはMs.21に戻された。塗色はダルブラック（BK）とライトグレー（5-L）の2色のみで大柄な模様が描かれ、コントラストの強いパターンである。見た目は島影に見えない事もない。

イントレピッド CV-11

アメリカ海軍航空母艦 イントレピッドCV-11
ピットロード1/700インクジェットプラスチックキット
製作／西郡湧人

1944年6月に導入されたMs.32/3Aというスキームで、「ハンコック」と「ホーネットⅡ」にも施された。ただ、「ホーネットⅡ」のみ明るいMs.33/3Aとされた。ダルブラック（BK）もしくはネイビーブルー（5-N）を効果的に配置して矢尻と階段のような動と静を感じる配色となっている。塗色はMs.32がダルブラック（BK）、オーシャングレー（5-0）、ライトグレー（5-L）であり、Ms33がネイビーブルー（5-N）、ヘイズグー（5-H）、ペイルグレー（5-P）の3色となっている。

の染料も炎天下の紫外線の元では退色が激しく、カラー写真を見る限り、多くの場合退色して殆ど木甲板地が出ている。1943年制定のMs.3_では潜水艦から背景との同化、艦種の誤認に高い効果がある複雑なダズルパターンが採用された。それぞれ効果が異なる明るさの違うMs.31、32、33の３種類あるが、これは艦全体の合計明度での違いであり色使いによるものではない。さらにMs.3_/3Dと言ったパターンが制定された。“/”後の数字はパターンNO.でアルファベットは艦種を表すが、艦種別のパターンも使用規定はなく様々な艦種に用いられ、図柄化された塗り分けも艦ごとに幾らか違いがあった。1945年3月の改訂ではMs.2_への

レキシントンII CV-16

アメリカ海軍航空母艦 レキシントンII CV-16
ピットロード1/700インクジェットプラスチックキット
製作／川合勇一

「レキシントンⅡ」は竣工から一貫して“ブルーゴースト”（Ms.21）として異彩を放っていた。1945年のオーバーホールでMs.22に初めて変更している。通称“ブルーゴースト”と呼ばれるMs.21であるが、確かに視認性は低いものの一見して不気味な印象を与えていた。塗色はネイビーブルー（5-N）1色で塗りつぶされているが、飛行甲板のフライトデッキステイン#21が退色により、よけいに目立っていたように思われる。

バンカーヒル CV-17

アメリカ海軍航空母艦 バンカーヒルCV-17
ドラゴン1/700インクジェットプラスチックキット
製作／細田勝久

「バンカーヒル」が1944年3月に導入したMs.32/6Aというスキームで、「バンカーヒル」のほか「フランクリン」にも施された。ただし、「フランクリン」は1944年5月に左舷のみ3Aに塗り替えた。この「フランクリン」のパターンはごく希なケースである。一見して鯨と鮫を連想させるイメージであるが意図は掴めない。塗色はダルブラック（BK）、オーシャングレー（5-O）、ライトグレー（5-L）の3色となっている。

ワスプII CV-18

アメリカ海軍航空母艦 ワスプII CV-18
ピットロード1/700インクジェットプラスチックキット
製作／遠藤貴浩

エセックス級が1944年1月から導入したMs.33/10Aというスキームで、「ワスプⅡ」のほか「ヨークタウンⅡ」「タイコンデロガ」「シャングリラ」に施された。「サラトガ」の11Aに近いパターンで稲妻と兎が跳ねる様子がイメージできる。塗色はネイビーブルー（5-N）、オーシャングレー（5-O）、ライトグレー（5-L）の3色となっている。ここでは紹介していないが「ランドルフ」「ベニントン」が導入したスキーム（Ms.32/17A）は迷彩塗色6色全部を使う変わり種である。

サギノーベイ CVE-82

アメリカ海軍航空母艦 サギノーベイCVE-82
フルスクラッチビルド1/700
製作／遠藤貴浩

「サギノーベイ」が1944年4月の竣工時より導入したMs.33/14Aというスキームで、「サギノーベイ」のほか5隻に施された。カサブランカ級は他に6パターンのスキームが施され、大半がこれらダズルパターンが用いられた。塗色はネイビーブルー（5-N）、ヘイズグレー（5-H）、ペイルグレー（5-P）の3色となっている。ここでは紹介していないが、サンガモン級の「サンティー」が試験的なダズルパターン（Ms.17）を導入していた。Ms.3_のダズルパターンの研究用かもしれない。

塗り戻しが始まった。この場合も5-N、5-Hの2色を使うが、文献を調べると以前の色調とは違う記述が出てくる。5-Nはネイビーブルーではなくネイビーグレーであり5-Hと共にパープルグレー系からニュートラルグレー系に変更されたとある。ただ、ネイビーブルーのオリジナルMs.2_も存在し混在していた可能性が高い。文献によっては当時のネイビーブルーを5-NBと記述するものもありそれを裏付けていると言える。1942年の制定時における主戦場が南太平洋であり、海域の海面色に対応する欺瞞効果を求めた色だとすれば、1945年の改訂で用いられたグレー系は日本近海の黒っぽい海の色に対応したものと推測できる。

インデペンデンス CVL-22

アメリカ海軍航空母艦 インデペンデンスCVL-22
ドラゴン1/700インクジェットプラスチックキット
製作／有賀あやめ

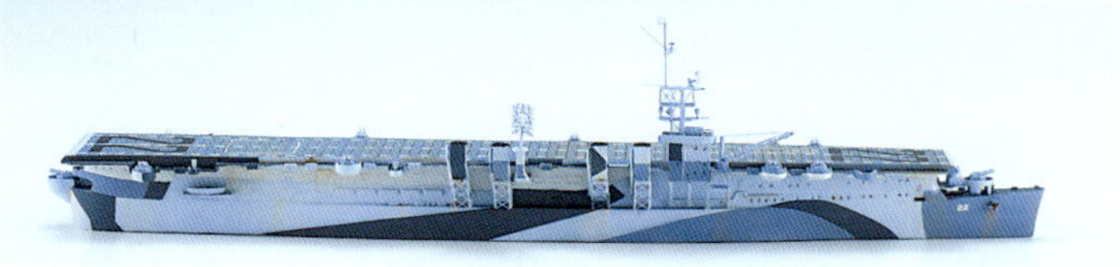

「インディペンデンス」が1943年12月に導入したMs.33/8Aというスキームで、「バターン」にも施された。緩やかな波をイメージするパターンである。塗色はネイビーブルー（5-N）、ヘイズグレー（5-H）、ペイルグレー（5-P）、ホワイト（5-U）の4色。配色の中にホワイトを配した珍しいケース。「バターン」はMs.32と紹介する資料もあるが配色の詳細は不明である。

モンタレー CVL-26

アメリカ海軍航空母艦 モンタレーCVL-26
ドラゴン1/700インクジェットプラスチックキット
製作／細田勝久

「モンタレー」が1944年1月に導入したMs.33/3Dというスキームで、「ベロウウッド」にも施された。ほかには戦艦「コロラド」やクリーブランド級軽巡洋艦にも導入例がある。進行方向と艦のサイズ感を惑わす効果がある。塗色はネイビーブルー（5-N）、ヘイズグレー（5-H）、ペイルグレー（5-P）の3色と、Ms.33としては標準的なもの。インディペンデンス級は総じてダズルパターンのスキームで高速任務部隊の一員として行動した。

サンハシント CVL-30

アメリカ海軍航空母艦 サンハシントCVL-30
ドラゴン1/700インクジェットプラスチックキット
製作／鈴木幹昌

「サンハシント」が1943年11月に導入したMs.33/7Aというスキームで、Ms.32として「プリンストン」「カウペンス」も導入した。塗色はネイビーブルー（5-N）、ヘイズグレー（5-H）、ペイルグレー（5-P）、ホワイト（5-U）の4色。こちらも配色にホワイト（5-U）を入れる珍しいケースで、明度を上げる手段として使ったと思われる。Ms.32の方はダルブラック（BK）、オーシャングレー（5-O）、ライトグレー（5-L）の3色と標準的なもの。

エンタープライズ CV-6

アメリカ海軍航空母艦 エンタープライズCV-6
タミヤ1/700インジェクションプラスチックキット
製作／村田博章

Ms.2_に塗り戻される時期のスキーム。理由は塗料の配給不足とも、作戦海域の変化とも言われているが、パープルグレー系からニュートラルグレー系へ変更になったMs.21である。船体はネイビーグレー（5-N）1色で、飛行甲板の塗色は青みの強いものに変わっている。「サラトガ」を始め多くのエセックス級が該当し、Ms.22と共に終戦間近のアメリカ空母に多く採用された。大戦末期は他の艦種もこの塗装が施されておりアメリカ艦隊の標準スキームといえる。

8 アメリカ空母の艦上機

801 グラマンF4F/FMワイルドキャット

ワイルドキャットは、グラマン社が初めて猫族の愛称を付けた戦闘機。ワイルドな名前に反し、その姿は樽に翼をつけたようなスタイルでお世辞にもカッコいい飛行機ではないが、視界の良さや「グラマン鉄工所」のあだ名のもとになる頑丈さが買われて太平洋戦争前半のアメリカ海軍の主力戦闘機になった。日本海軍の零戦の無敵ぶりが喧伝され、F4Fの性能は零戦に及ばないような記述も過去にはあった。しかし緒戦でこそ軽快な零戦が優勢だったものの、スピードやダイブ能力が優れたF4Fは、アメリカ人パイロットが零戦の有利な状況で戦わないなど戦い方を学んでいく中で優位性を発揮していき、徐々に巻き返していった。F4Fの生産はF6Fの配備が始まってからも、継続しており合計7,700機以上生産された。本機の生産は途中からゼネラルモーターズ社（GM）が東海岸の5つの自動車工場を統合して作った、イースタンエアクラフト（航空事業部）社に引き継がれた。なおグラマン社は1943年以降は軽量化したワイルドキャットの生産を提案している。FM-2と名付けられたこの軽量型ワイルドキャットはイースタンエアクラフト社で量産され護衛空母などで大戦末期まで運用された。

グラマンFM-2ワイルドキャット
ホビーボス1/48インクジェットプラスチックキット
製作／新森勝志

性能諸元　F4F-4

全幅	11.58m
全長	8.76m
出力	1200馬力
全備重量	3619kg
速力	511km（5910m）
航続距離	1290km（増槽なしの場合）
乗員	1名
兵装	12.7mm機銃（固定）×6 45kg爆弾×2
各型合計生産機数	6,816機 （米海軍向け。FM-1、FM-2を含む）

802 グラマンF6Fヘルキャット

第2次世界大戦中のアメリカ海軍艦上戦闘機といえば、まず思い浮かべられるのがF6Fヘルキャットであろう。戦時下の日本国民が「グラマン」と呼んだ飛行機は本機だが、アメリカ陸軍航空隊のP-51マスタングも含めて戦闘機（敵小型機全般）は全て「グラマン」と総称するくらい日本人にとってインパクトのある機体だった。F6Fはアメリカ海軍がF4Fの後継機として開発していたヴォート社製F4Uの開発や生産がつまずいた時のための保険として、グラマン社がF4Fの発展型として手堅く設計した戦闘機である。2,000馬力級のエンジン（プラット&ホイットニーR2800）を搭載しF6Fはバランスのとれた戦闘機となった。メーカーのグラマン社はTBFとF4Fの改良・生産をイースタンエアクラフト社に委譲しF6Fの開発と生産に集中した。保険として開発されたF6Fだったが実際にF4Uの開発・実用化が遅れたことから、本機はアメリカ海軍向けに生産が優先され、日本機相手に活躍した。後期にはレーダーを搭載する夜間戦闘機型も登場し12,000機以上生産されている。F6Fは日本軍機相手には優勢だったものの、欧州戦で登場した飛行機には性能的に見劣りしたためか、戦後には早々に退役してしまう。

性能諸元　F6F-5

全幅	13.06m
全長	10.22m
出力	2000馬力
全備重量	5667kg
速力	611km（7010m）
航続距離	2100km（増槽なしの場合）
乗員	1名
兵装	12.7mm機銃（固定）×6
	爆弾最大1.36トン
各型合計生産機数	12,275機

グラマンF6F-3Nヘルキャット
ハセガワ1/48インクジェットプラスチックキット
製作／村田博章

803 ヴォートF4Uコルセア

F4Fワイルドキャットの後継機としてチャンスヴォート社（海軍航空の黎明期から艦上ジェット機まで生産する老舗メーカー）により開発された本機はR2800エンジンを搭載し大型のプロペラを装備した高性能機である。艦上機として着艦の衝撃に耐える脚にするため、逆ガル翼を採用して主脚の長さを抑え、フィレットのない中翼を採用することにより空力性能を向上させており、運動性は零戦に勝るとも言われている。しかし機首が長くなったことで前方視界が悪くなり、空母の運用が困難であり初期型は海兵隊の陸上基地に配備された。機体の改良が遅延している間に主力戦闘機の座をF6Fヘルキャットに奪われてしまったが、空母に配備が始まると徐々にその存在感を増していく。本機も生産を急いだためタイヤメーカーであるグッドイヤーの工場でも生産された。F4Uは余裕のある大きな機体と2,000馬力級のエンジンで戦闘攻撃機としても活躍し、改良型に更新されながら朝鮮戦争でも使用され続けた。

性能諸元　F4U-1

全幅	12.49m
全長	10.16m
出力	2000馬力
全備重量	5411kg
速力	634km（7010m）
航続距離	1633km（増槽なしの場合）
乗員	1名
兵装	12.7mm機銃（固定）×6
	爆弾最大1.82トン（後期型）
各型合計生産機数	12,582機

チャンス・ヴォートF4Uコルセア
タミヤ1/48インクジェットプラスチックキット
製作／清水秀春

804 ダグラスTBDデバステーター

ダグラス社が開発したTBDは、応力外皮を採用した全金属製、単葉の機体で引き込み式の主脚を採用した当時最新鋭の雷撃機だった。1935年当時では最先端の機体で、コクピットは密閉式のキャノピーで覆われている（当時の日本海軍の艦上攻撃機は1936年採用の九六式艦上攻撃機。この機体は複葉機で開放式風防だった）。戦前アメリカがホワイトフリートと称した艦隊を擁し、世界の海を遊弋していたころ、TBDも銀色の胴体に黄色く塗られた主翼（イエローウイング）を誇らしげに空母の飛行甲板に並べていた。しかしこの時代の航空業界は日進月歩、わずか5年後の太平洋戦争開戦時には本機は完全に旧式化していた。派手なイエローウイングから、戦時のブルーグレーのカモフラージュに塗り替えたTBDは、果敢に空母から出撃をしたものの零戦の前には無力で迎撃を受けて大損害を出した。バランスのとれた操縦性の良好な飛行機だったが、エンジンの出力不足はいかんともしがたく、早々に後継機TBFに変わってしまった。

性能諸元　TBD-1

全幅	15.24m
全長	10.67m
出力	900馬力
全備重量	5667kg
速力	322km（2440m）
航続距離	669km（雷装時）
乗員	3名
兵装	7.62mm機銃×2（固定1、旋回1） 魚雷1本または爆弾最大908kg
各型合計生産機数	129機

ダグラスTBD-1デバステーター
モノグラム1/48インクジェットプラスチックキット
製作／伊藤雄介

805 ダグラスSBDドーントレス

SBDはジャック・ノースロップが設計したXBT-2をダグラス社が引き継ぐ形で、（当時ノースロップ社はダグラス社の一部門になっていた）エド・ハイネマン（後にA1スカイレイダー やA4スカイホークを設計した天才デザイナー）を主任設計者として開発された艦上急降下爆撃機だ。デザインこそ似ているものの、機体構造とエンジンが変更されたためXBT-2とはまったく異なる飛行機となっていた。SBDはまずアメリカ海軍海兵隊で運用され、珊瑚海海戦、ミッドウェー海戦、ソロモン諸島を巡る戦いなどで日本海軍を苦しめた。とくにミッドウェー海戦では、雷撃機隊が全滅する中、「赤城」をはじめとする日本空母４隻を攻撃し大戦果を挙げ勝利に導いた。改良発展型も多く生産され、同時期に生産された飛行機がすべて前線から姿を消した1944年末でも、SBDは前線で偵察任務などこなし生産終了後も長期間にわたって運用され続けた。アメリカ陸軍でも急降下爆撃機が注目され、SBDをA-24として採用し東南アジア戦線に投入している。

性能諸元　SBD-5

全幅	12.65m
全長	9.79m
出力	1000馬力
全備重量	3783kg
速力	405km（5243m）
航続距離	1700km
乗員	2名
兵装	12.7mm機銃（固定）×2
	7.62mm機銃（旋回）×1
	爆弾最大726kg+148kg×2
各型合計生産機数	5321機（陸軍型953機を含む）

ダグラスSBDドーントレス
アキュレイトミニチュア1/48インクジェットプラスチックキット
製作／鈴木幹昌

806 グラマンTBF/TBMアベンジャー

グラマン社が設計したTBFの初陣はミッドウェー海戦で6機が南雲機動部隊の直援戦闘機隊に全機撃破され、「TBDの二の舞」となるもの不名誉なものだった。しかし本機は、大きめの主翼と頑丈な機体をもちこの後日本海軍とドイツ海軍を苦しめる一流の艦上雷撃機になっていく。本機の太めの胴体は爆弾倉内に魚雷を機内に収容することができ、燃料搭載量も多く航続力も長かった。機体後部には全周旋回可能な動力銃座も搭載することができた。後期タイプになるとレーダーが標準装備されるようになっていった。TBFはきわめて操縦しやすく、戦闘機のように旋回させることも可能だったと言われている。開戦後はTBFの生産数を増やすため、ゼネラルモーターース社のイースタンエアクラフト社が生産を分担した。この機体をTBMと称す。TBFはイギリス海軍航空隊でもターポンという名称で使用され爆撃機として活躍し、戦後は海上自衛隊でもサブタイプが運用された。

性能諸元　TBF-1

全幅	16.51m
全長	12.19m
出力	1700馬力
全備重量	6199kg
速力	436km（3658m）
航続距離	1810km
乗員	3名
兵装	12.7mm機銃（旋回）×1
	7.62mm機銃（旋回）×1
	7.62mm機銃（固定）×1
	魚雷1本または爆弾最大907kg
各型合計生産機数	9836機

グラマンTBF/Mアベンジャー
モノグラム1/48インクジェットプラスチックキット
製作／伊藤雄介

807 カーチスSB2Cヘルダイバー

SB2Cは航空機老舗メーカーのカーチスが開発、生産した艦上急降下爆撃機である。海軍の過大な要求から機体は大型化し、空母の運用を考慮したため太い胴体に寸づまりなデザインになってしまう。SB2Cの初期生産型は、速度性能はSBDとほぼ同じで、航続距離と兵器搭載量は増えたものの、エンジン性能の低さからくる操縦性の悪さによる着艦事故などが多く評判はすこぶる悪いものとなってしまった。第58任務部隊司令官マーク・ミッチャー中将は、SB2CをSBDに戻すことも検討していた。一説にはカーチス社のロビー活動がその首を繋いだとも言われているが、実際にはSBDの生産が終了したことからたとえ不満はあってもSB2Cを使うしかなかった。しかしSB2C-3になるとエンジンの改良が進み、事故率は高いままだったが操縦性は改善された。マリアナ沖海戦以降、日本の空母部隊の壊滅後は、急降下爆撃機の存在意義は徐々に低下しアメリカ機動艦隊での機数が減らされ大型の艦上戦闘機に取って代わられた。

性能諸元　SB2C-4

全幅	15.14m
全長	11.18m
出力	1900馬力
全備重量	7536kg
速力	475km（5090m）
航続距離	1875km（爆装時）
乗員	2名
兵装	20mm機銃（固定）×2
	7.62mm機銃（旋回）×1
	魚雷1本または爆弾907kg（爆弾倉内）
	爆弾454kgまたはロケット弾8発（主翼下）
各型合計生産機数	6299機

カーチスSB2C-5ヘルダイバー
アキュレイトミニチュア1/48インクジェットプラスチックキット
製作／川合勇一

Modeling the U.S Navy Carriers

模型で見るアメリカ空母のすべて

Winning mechanics of U.S carriers in the Pacific theater of WWII

■スタッフ STAFF

文 Text
- 村田博章 Hiroaki MURATA
- 遠藤貴浩 Takahiro ENDOU
- 鈴木幹昌 Mikiyoshi SUZUKI
- 後藤恒弘 Tsunehiro GOTO

模型製作 Modeling
- 村田博章 Hiroaki MURATA
- 遠藤貴浩 Takahiro ENDOU

- 有賀あやめ Ayame ARIGA
- 市野昭彦 Akihiko ICHINO
- 伊藤雄介 Yuusuke ITOH
- 今泉薫 Kaoru IMAIZUMI
- 川島秀敏 Hidetoshi KAWASHIMA
- 川合勇一 Yuuichi KAWAI
- 清水秀春 Hideharu SIMIZU
- 新森勝志 Katsushi SINMORI
- 鈴木幹昌 Mikiyoshi SUZUKI
- 西郡湧人 Yuuto NISHIGOHRI
- 細田勝久 Katsuhisa HOSODA
- 村山弘之 Hiroyuki MURAYAMA
- 山崎 匡 Tadashi YAMAZAKI
- 米波保之 Yasuyuki YONENAMI

編集 Editor
- 後藤恒弘 Tsunehiro GOTO
- 吉野泰貴 Yashutaka YOSHINO

アートデレクション Art Director
- 横川 隆 Takashi YOKOKAWA

DTP DTP
- 後藤恒弘 Tsunehiro GOTO

写真提供 Photograph
- US.NAVY
- U.S.NATIONAL -ARCHIVES

太平洋戦争で日本空母に勝利したアメリカ空母の技術的特徴
模型で見るアメリカ空母のすべて

村田博章著

発行日　2019年1月14日　初版第1刷

発行人　小川光二
発行所　株式会社 大日本絵画
〒101-0054 東京都千代田区神田錦町1丁目7番地
Tel 03-3294-7861（代表）
URL; http://www.kaiga.co.jp

編集人　市村弘
企画／編集　株式会社 アートボックス
〒101-0054 東京都千代田区神田錦町1丁目7番地
錦町一丁目ビル4階
Tel 03-6820-7000（代表）
URL; http://www.modelkasten.com/
印刷　大日本印刷株式会社
製本　株式会社ブロケード

内容に関するお問い合わせ先：03（6820）7000（株）アートボックス
販売に関するお問い合わせ先：03（3294）7861（株）大日本絵画

Publisher/Dainippon Kaiga Co., Ltd.
Kanda Nishiki-cho 1-7, Chiyoda-ku, Tokyo 101-0054 Japan
Phone 03-3294-7861
Dainippon Kaiga URL; http://www.kaiga.co.jp
Editor/Artbox Co., Ltd.
Nishiki-cho 1-chome bldg., 4th Floor, Kanda
Nishiki-cho 1-7, Chiyoda-ku, Tokyo 101-0054 Japan
Phone 03-6820-7000
Artbox URL; http://www.modelkasten.com/

©株式会社 大日本絵画
本誌掲載の写真、図版、イラストレーションおよび記事等の無断転載を禁じます。

定価はカバーに表示してあります。
ISBN978-4-499-23253-1

《参考文献》

『アメリカの航空母艦』　平野鉄雄著　（大日本絵画）
『太平洋戦史シリーズ　アメリカの空母』（学研）
『アメリカの航空母艦史　世界の艦船増刊』（海人社）